Hanaa Galal
Alaa Basha
Sameera Bafeel

Respostas da jojoba à salinidade

Hanaa Galal
Alaa Basha
Sameera Bafeel

Respostas da jojoba à salinidade

ScienciaScripts

Imprint

Cover image: www.ingimage.com

This book is a translation from the original published under ISBN 978-3-659-85566-5.

Publisher:
Sciencia Scripts
is a trademark of
Dodo Books Indian Ocean Ltd. and OmniScriptum S.R.L publishing group

120 High Road, East Finchley, London, N2 9ED, United Kingdom
Str. Armeneasca 28/1, office 1, Chisinau MD-2012, Republic of Moldova, Europe
Managing Directors: Ieva Konstantinova, Victoria Ursu
info@omniscriptum.com

Printed at: see last page
ISBN: 978-620-8-56470-4

Índice:

Agradecimentos

Gostaria de agradecer à Cidade Rei Abdul-Aziz para a Ciência e Tecnologia (KACST) pelo financiamento deste projeto. Subvenção n.º (A-S-13-2) (2 أط - 31 - -).

Capítulo 1

Introdução

A salinidade é um problema grave que afecta negativamente as actividades agrícolas em muitas regiões do mundo, especialmente na região do Próximo Oriente e do Norte de África. Geralmente, os problemas de salinidade aumentam com o aumento da concentração de sal na água de irrigação. A redução do crescimento das culturas devido à salinidade está geralmente relacionada com o potencial osmótico da solução do solo na zona das raízes (**Abou-Hadid, 2003; Ali *et al.*, 2012**). A água utilizada para irrigação pode variar muito em termos de qualidade, dependendo do tipo e da quantidade de sais dissolvidos. Quase 50% das terras irrigadas são afectadas por elevada salinidade (**Zhu, 2001**), resultando frequentemente em salinização secundária devido à utilização inadequada de água de irrigação salina. Apesar da essencialidade do cloreto como micronutriente para todas as plantas superiores e do sódio como nutriente mineral para muitas halófitas e algumas espécies, a acumulação de sal pode converter as zonas agrícolas em ambientes desfavoráveis, reduzir a biodiversidade local, limitar o crescimento e a reprodução das plantas e provocar toxicidade em plantas não tolerantes ao sal, conhecidas como glicófitas **(Ashraf e Harris, 2004, e Parida e Das, 2005)**.

Os efeitos da salinidade são geralmente resumidos em stress hídrico, stress salino e stress devido a desequilíbrio iónico **(Greenway e Munns, 1980)**. Por conseguinte, pelo menos uma parte do stress salino está associada ao stress hídrico, que é uma condição geral, e é de esperar que a adaptação das plantas à salinidade possa apresentar caraterísticas semelhantes às da adaptação ao stress hídrico.

Acredita-se que seja uma futura planta árida, em geral, a jojoba desenvolveu-se razoavelmente bem sob salinidade de 8 dSm^{-1} (deci Siemens por metro) **(Benzioni *et al.*, 1996; Ali *et al.*, 2012). Boyer, (1982); Ali *et al.*, (2012)** investigaram que a jojoba tolerava 4 dSm^{-1} de sais na água de irrigação. A salinidade e a seca são consideradas os factores mais graves de limitação do crescimento das plantas cultivadas. O aumento da salinidade da água de irrigação tem contribuído para a salinização progressiva dos solos agrícolas, inibindo a produtividade agrícola em muitas regiões semi-áridas e áridas do mundo **(Qadir *et al.*, 1989; Ali *et al.*, 2012)**. O cloreto de sódio (NaCl) é a fonte de salinidade mais comum **(Li *et al.*, 2006; Ali *et al.*, 2012)**. Grande parte da tensão no stress por salinidade está relacionada com o stress hídrico resultante da absorção excessiva de sais pelas plantas e da consequente redução do potencial hídrico.

O stress salino altera várias respostas bioquímicas e fisiológicas nas plantas, afectando assim quase todos os processos vegetais, incluindo a fotossíntese, o crescimento e o desenvolvimento **(Iqbal *et al.*, 2006; Rajaravindran e Natarajan, 2012)**. O sal induz stress osmótico, limitando a absorção de água do solo, e stress iónico, resultante de elevadas concentrações de iões salinos potencialmente tóxicos nas células vegetais. As plantas desenvolveram uma série de mecanismos de proteção para permitir a sobrevivência e o crescimento nestas condições ambientais desfavoráveis, incluindo a acumulação de iões e osmólitos, como a prolina. A acumulação destes compostos evita a perda de água e a toxicidade dos iões. O alívio dos danos oxidativos e o aumento da resistência à salinidade e a outros stresses ambientais estão frequentemente correlacionados com um sistema antioxidativo eficiente **(Jaleel *et al.*, 2007; Manivannan *et al.*, 2007; Rajaravindran e Natarajan, 2012)**. A salinização de solos agrícolas é uma preocupação mundial, especialmente em terras irrigadas. O solo salino é caracterizado pela presença de níveis tóxicos de sódio e seus cloretos e sulfatos.

Os objectivos deste estudo foram:

1- Para utilizar a água do mar no cultivo de plantas de jojoba e investigamos as alterações físico-químicas e morfológicas no crescimento de plântulas de jojoba devido ao tratamento com água do mar.

2- Explorar o nível ótimo de água do mar para o cultivo da jojoba através do teste da tolerância desta planta.

Capítulo 2

Revisão da Litruture

2.1 Salinidade

A salinidade é o teor de sal dissolvido de uma substância como o solo ou a água. Pode ser medida em partes por mil (ppt) ou partes por milhão (ppm) e, por vezes, expressa em percentagem (%). A acumulação de sais na água de irrigação tem sido um grande problema na agricultura. A evaporação e a transpiração removem a água pura do solo. Esta perda de água concentra os solutos no solo. Quando a água de irrigação contém uma elevada concentração de solutos, os sais podem atingir rapidamente níveis prejudiciais. A salinidade é um dos factores de stress ambiental mais prejudiciais e limitantes da produtividade das culturas **(Boyer, 1982; Flowers *et al.*, 1997; Abdelbasset *et al.*, 2010)**. A água do mar tem uma densidade superior à da água doce. A água do mar contém muitas substâncias dissolvidas que acrescentam massa à água em que estão dissolvidas, produzindo assim uma maior massa por unidade de volume, ou uma densidade, superior à da água pura. A água do oceano aberto tem uma salinidade média de cerca de 35 o/oo (partes por mil) (equivalente a 3,5%). A salinidade perto da costa varia devido à adição de água doce pelos rios e à precipitação. Um estuário é uma massa de água semi-fechada onde a água do mar que entra é diluída com água doce proveniente da terra. Devido às diferenças de densidade entre a água doce e a água salgada, a água salgada desloca-se para montante no estuário, ao longo do fundo, enquanto a água doce flui para jusante, ao longo da superfície. Na interface entre a água doce e a água salgada ocorre alguma mistura. Esta mistura é designada por água salobra. As condições locais de temperatura e circulação da água podem também aumentar ou diminuir a salinidade. A salinidade varia em diferentes massas de água. Por exemplo: Salinidade média da água do mar = 34,7 o/oo, mar Báltico = 8 o/oo, mar Negro = 18 o/oo, mar Mediterrâneo = 38 o/oo e mar Vermelho = 40 o/oo. A salinidade tem um duplo efeito no crescimento das plantas através de um efeito osmótico na absorção de água pelas plantas e na toxicidade de iões específicos. Ao diminuir o potencial osmótico da solução do solo, o acesso das plantas à água do solo é reduzido, devido à diminuição do potencial hídrico total do solo. À medida que o solo seca, a concentração de sal na solução do solo aumenta, diminuindo ainda mais o potencial osmótico. Para manter a absorção de água de um solo salino, as plantas devem ajustar a pressão osmótica. Isto é feito quer absorvendo sais e compartimentando-os no tecido vegetal, quer sintetizando solutos orgânicos. As plantas que absorvem sais têm geralmente uma maior tolerância ao sal e uma maior capacidade de armazenar concentrações elevadas de sal no tecido vegetal sem afetar os processos celulares, sendo conhecidas como "halófitas". As glicófitas (plantas que sintetizam solutos orgânicos) evitam a absorção excessiva de sal porque podem tolerar concentrações muito mais baixas de sal nos tecidos vegetais antes de os processos celulares serem afectados negativamente. Na maioria dos casos, as glicófitas tendem a ser sensíveis ao sal, embora nem sempre seja esse o caso **(Bernstein, 1975; Marschner, 1995; Orcutt e Nilsen, 2000)**. Pode ocorrer toxicidade de Na^+ e Cl^-, enquanto o aumento da absorção de sais pode contribuir para o ajustamento osmótico. Foi descrita uma série de sintomas; a clorose nas pontas das folhas mais velhas, o desenvolvimento de necrose seguido da morte das folhas é comum em muitas espécies **(Eaton, 1965; Grundon, 1987; Kurniadie e Redmann, 1999; Xu *et al.*, 2000).**

A acumulação de excesso de Na^+ pode também causar perturbações metabólicas em processos em que são necessários baixos níveis de Na^+ e elevados níveis de K^+ ou Ca^{2+} para manter uma função óptima **(Marschner, 1995).** Uma diminuição da atividade da redutase do nitrato, a inibição do fotossistema II **(Orcutt e Nilsen, 2000)** e a degradação da clorofila **(Krishnamurthy *et al.*, 1987)** estão todas associadas a concentrações elevadas de Na^+. A função da membrana celular pode ser comprometida como resultado da substituição de Na^+ por Ca^{2+}, resultando num aumento da permeabilidade celular **(Orcutt e Nilsen, 2000)**. Concentrações elevadas de Cl^- no tecido foliar podem perturbar a função fotossintética através da inibição da atividade da redutase do nitrato **(Xu *et al.*, 2000)**. Uma vez esgotada a capacidade da célula para armazenar sais, estes acumulam-se no espaço intercelular, levando à desidratação e morte da célula **(Munns, 1993)**. Assim, uma melhor compreensão dos efeitos dominantes envolvidos na resposta das plantas à salinidade facilitará o desenvolvimento de variedades melhoradas e de práticas de gestão das culturas.

2.2 Sais dissolvidos

Os sais mais comuns na água de rega são o sal de mesa (cloreto de sódio, NaCl), o gesso (sulfato de cálcio, $CaSO_4$), os sais de Epson (sulfato de magnésio, $MgSO_4$) e o bicarbonato de sódio (bicarbonato de sódio, $NaHCO_3$). O sal dissolve-se na água sob a forma de iões positivos (catiões) e negativos (aniões). Os catiões incluem o cálcio (Ca^{2+}), o magnésio (Mg^{2+}) e o sódio (Na^+), enquanto os aniões mais comuns são o cloreto (Cl^-), o sulfato (SO_4^{2-} e o bicarbonato (HCO_3^-). Além disso, algumas águas de irrigação podem conter boro em níveis mais elevados que podem ser prejudiciais para certas culturas **(Ayers e Westcot, 1985)**.

2.3 Caracterização da salinidade

Existem duas avaliações comuns da qualidade da água que caracterizam a salinidade da água de rega. A salinidade da água de rega é por vezes referida como a concentração total de sal ou o total de sólidos dissolvidos (TDS). As unidades de TDS são normalmente expressas em miligramas de sal por litro (mg/L) de água. O TDS é também frequentemente indicado como ppm e é o mesmo numericamente que mg/L **(Maas *et al.*, 1999)**.

A outra medida que está documentada nos relatórios de qualidade da água dos laboratórios comerciais é a condutância específica, também conhecida como condutividade eléctrica (CE). A CE é muito mais útil que o TDS porque pode ser feita instantaneamente e facilmente por irrigadores ou gerentes de fazendas no campo. A CE pode ser comunicada com base na fonte de água de rega (ECW). As conversões entre ECW e TDS são cautelosas porque os factores de conversão dependem tanto do nível de salinidade como da composição da água **(Maas *et al.*, 1999)**.

2.4 Efeito da salinidade nas plantas

A salinidade do solo pode afetar o crescimento das plantas tanto física (efeito osmótico) como quimicamente (efeito de nutrientes e/ou toxicidade). À medida que o teor de sal do solo aumenta, torna-se mais difícil para as plantas absorverem água. As plantas sensíveis parecem afectadas pela seca, mesmo com níveis bastante baixos de concentração de sais. Normalmente, verifica-se uma diminuição progressiva do crescimento e do rendimento (produção) à medida que os níveis de salinidade aumentam. O crescimento mais lento causado pelos sais pode fazer com que a forragem seja mais dura e menos palatável. Este facto foi observado na erva de trigo alta e na festuca alta. Algumas plantas são mais afectadas pela salinidade numa fase de desenvolvimento do que noutra. A cevada e o trigo são afectados durante o crescimento inicial das plântulas, mas não tanto durante a germinação ou em fases posteriores de crescimento. Os rendimentos do milho, alfafa e feijão diminuem quase proporcionalmente à diminuição do tamanho das plantas. As beterrabas em germinação morrem quando o nível de salinidade é elevado, mas as plantas adultas são muito tolerantes ao mesmo nível de salinidade **(Ogle *et al.*, 2007)**.

Alguns estudos mostraram que a salinidade pode melhorar a atividade antioxidante em condições de stress. A ativação de mecanismos antioxidantes em plântulas de girassol foi observada quando tratadas com 10% e 20% de água do mar, indicando a adaptação à salinidade **(Izzo *et al.*, 2008; Incerti *et al.*, 2008)**. Está bem estabelecido que as plantas acumulam uma variedade de solutos osmorreguladores, incluindo a prolina, como um mecanismo de adaptação ao stress ambiental e à salinidade **(Aspinall e Paleg, 1981)**. A utilização da prolina como osmorregulador é um bom exemplo para superar os efeitos negativos da salinidade **(Lin e Kao, 1996)**.

A salinidade pode afetar as plantas de três formas. Inicialmente, o sal torna mais difícil para as plantas retirarem água do solo, mesmo que o solo pareça bastante húmido. Com efeito, a planta sofre de uma forma de seca que pode resultar num crescimento retardado e numa redução do rendimento. Em segundo lugar, alguns sais, como o Na^+ e o Cl^-, podem ser diretamente tóxicos para as plantas. As plantas absorvem sais com a água que utilizam e, muitas vezes, estes sais podem danificar a planta internamente, afectando os processos fisiológicos da planta e resultando, muitas vezes, numa redução do crescimento, queimadura das folhas e mesmo na morte da planta. Este tipo de efeito é o mais grave para as plantas. Em terceiro lugar, quantidades elevadas de iões como Na^+ e Cl^- podem afetar a disponibilidade de outros iões como K^+ , Mg^{2+}, N^{3-} ou $P^{3=}$ que são extremamente importantes para o crescimento das plantas **(Ogle e Daniel, 1994)**.

2.5 Respostas das plantas à salinidade

Geralmente, a primeira reação da planta à salinidade é uma redução do seu crescimento - evidente através de uma redução da altura da planta ou do número de folhas ou rebentos. À medida que a planta se torna mais afetada, pode parecer murcha, apesar de um solo húmido, e as folhas podem apresentar queimaduras. Nestas circunstâncias, a planta pode morrer. O crescimento dos rebentos é geralmente mais inibido do que o das raízes e, a níveis baixos de salinidade, o crescimento das raízes pode não diminuir de todo. As respostas adaptativas das plantas ao stress salino são ilustradas por **Munns e Tester, (2008)** (Figura 2.1) .

As plantas têm de fazer face a dois grandes stresses em condições de elevada salinidade: o stress osmótico e o stress iónico (Figura 2.1). O primeiro stress atinge imediatamente as plantas em função de um aumento dos níveis de sal fora das raízes, o que conduz a inibições da absorção de água, da expansão celular e do desenvolvimento dos gomos laterais (Figura 2.1) **(Munns e Tester, 2008; Horie *et al.*, 2012).** A última fase de stress desenvolve-se mais tarde, quando iões tóxicos, como o Na+, se acumulam em excesso nas plantas, particularmente nas folhas, acima do limiar , o que leva a um aumento da mortalidade foliar com clorose e necrose, e a uma diminuição da atividade de metabolismos celulares essenciais, incluindo a fotossíntese (Figura 2.1) **(Glenn *et al.*, 1999; Horie *et al.*, 2012).** Estudos recentes de fisiologia molecular e genética molecular têm ganho cada vez mais conhecimento sobre os mecanismos de proteção que as plantas utilizam para lidar com os efeitos prejudiciais do stress de salinidade **(Blumwald 2000; Zhu, 2002; Pardo *et al.*, 2006; Munns e Tester 2008; Horie *et al.*, 2009; Hauser e Horie 2010; Horie *et al.*, 2012).** Muitos estudos também destacam a importância e a relevância das funções/regulações de proteínas de membrana importantes, como canais de água e transportadores de Na^+ **(Horie e Schroeder 2004; Maurel *et al.*, 2008; Ward *et al.*, 2009; Horie *et al.*, 2012)** e também moléculas sinalizadoras **(Zhu, 2002)** para a tolerância das plantas ao sal.

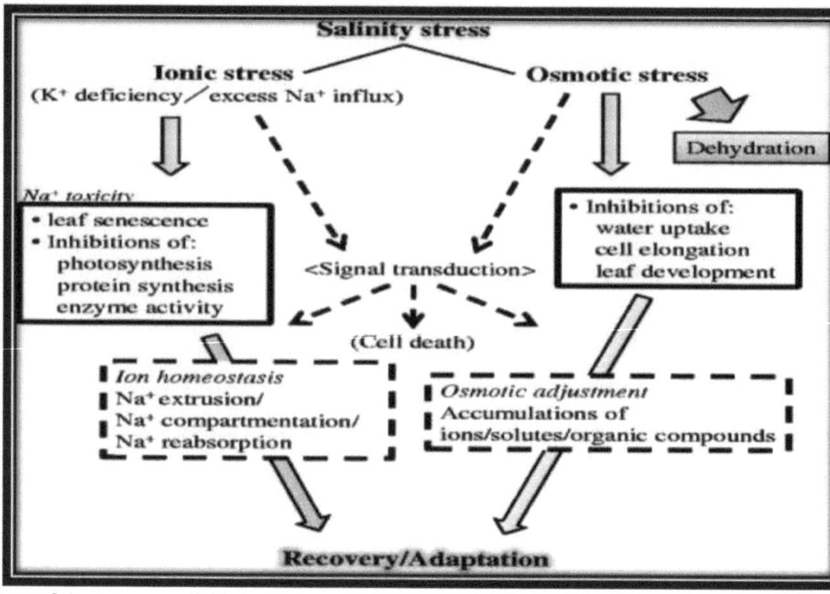

Figura 2.1: stress por salinidade **(Munns e Tester, 2008; Horie *et al.*, 2012)**

2.6 Movimento do sal através das plantas

O movimento do sal para as raízes e para os rebentos é um produto do fluxo relacionado com a transpiração necessário para manter o estado hídrico da planta. Sem regulação, a transpiração pode resultar em níveis tóxicos de acumulação de iões nas partes aéreas da planta. Uma resposta imediata à salinidade, que atenua o fluxo de iões para o rebento, é o fecho dos estomas. No entanto, devido à diferença de potencial hídrico entre a atmosfera e as células da folha e à necessidade de fixação de carbono, esta é uma estratégia de tolerância insustentável a longo prazo **(Munns e Termmat, 1986; Hasegawa *et al.*, 2000)**. Para proteger as células em crescimento ativo e em metabolismo, as plantas regulam o movimento dos iões para os tecidos **(Flowers e Yeo, 1992; Hasegawa, 2000)**. Um modo pelo qual as plantas controlam o fluxo de sal para o rebento é a entrada de iões na corrente do xilema. Embora debatido, o transporte de iões através das células epidérmicas e corticais contribui para uma redução do Na^+ que é entregue ao xilema **(Clarkson, 1991; Hasegawa, 2000)**. No entanto, na endoderme, o movimento radial de solutos deve ser efectuado através de uma via simplástica, uma vez que a faixa de Casparian constitui uma barreira física ao transporte apoplástico **(Clarkson, 1991)**.

A acumulação de grandes quantidades de iões nas folhas maduras e velhas, que depois deiscem, tem sido frequentemente observada sob stress salino **(Munns, 1993)**. Numa função de sumidouro de iões, as folhas velhas podem restringir a deposição de iões nas células meristemáticas e de crescimento ativo e fotossintetizante. Uma possibilidade alternativa é que a discriminação iónica celular seja uma consequência natural dos fluxos transpiracionais e de crescimento expansivo, da morfologia celular e do grau de ligação intercelular. As células meristemáticas, que não estão diretamente ligadas à vasculatura, estão menos expostas aos iões fornecidos pelo fluxo transpiratório e o seu pequeno espaço vacuolar não é propício ao armazenamento de iões. De facto, o conteúdo de soluto dos tecidos que contêm células com pouca vacuolação (por exemplo, regiões meristemáticas) é predominado por osmólitos orgânicos e nos tecidos com células altamente vacuoladas por iões **(Binzel *et al.*, 1988)**.

2.7 Papel das culturas tolerantes à alta salinidade na agricultura:

Atualmente, é necessário desenvolver culturas altamente tolerantes ao sal para reciclar as águas de drenagem agrícola, literalmente rios de água contaminada que são gerados nos distritos de irrigação das zonas áridas. Esta água pode tornar-se um perigo para o ambiente quando é descarregada em águas de superfície ou colocada em tanques de evaporação, devido à concentração e bioacumulação de elementos tóxicos relacionada com a evaporação **(Hothem e Ohlendorf, 1989; Matsui *et al.*, 1992; Ong e Tanji, 1993; Presser, 1994; Ong *et al.*, 1995; Boyle, 1996)**. Em todo o mundo, aproximadamente 45 a 60 milhões de hectares (ha) de terras irrigadas foram danificadas pelo sal, representando 20 a 25% da área total irrigada no mundo **(Ghassemi *et al.*, 1995; Glenn *et al.*, 1999 e Bafeel, 2013)**. A recuperação destas terras para culturas convencionais é demasiado dispendiosa para a maioria dos países, mas poderiam ser utilizadas para o cultivo de halófitas, como está a ser tentado no Paquistão, por exemplo **(Quereshi *et al.*, 1991; Glenn *et al.*, 1999)**. Como plantas de pântanos salgados, muitas halófitas não só são tolerantes ao sal como podem desenvolver-se em solos mal drenados, que são os primeiros a ficar salinizados nos distritos de irrigação. Argumenta-se por vezes que, na ausência de uma recuperação completa, as culturas de halófitas só poderiam adiar a inevitável salinização dessas terras (mas isso seria um benefício por si só). Um contra-argumento é que as terras marginais podem ser utilizadas para a produção sustentada de halófitas em circunstâncias em que seriam necessários factores de produção irrealistas para manter os níveis de sal no solo suficientemente baixos para as culturas convencionais **(Quereshi *et al.*, 1991; Glenn *et al.*, 1999)**.

2.8 Tipo de solos afectados por sais

Para efeitos de gestão, foram identificadas três categorias gerais de solos afectados pelo sal:

1. Solos salinos: problemas de sal em geral.
2. Solos sódicos: problemas com o sódio.
3. Solos salino-sódicos: problemas com o sódio e outros sais.

1.1.1 Solos salinos

Os catiões permutáveis predominantes nos solos salinos são o cálcio e o magnésio. Os solos salinos têm normalmente depósitos de sal visíveis à superfície e são por vezes designados por solos "alcalinos brancos". A maioria dos sais na solução do solo tem um efeito positivo na estrutura do solo e na infiltração da água. Por conseguinte, a penetração da água não é uma preocupação importante nos solos salinos. Os sais na zona radicular podem reduzir o rendimento das culturas, dificultando a extração de água do solo pelas raízes. Os sais aumentam o potencial osmótico do solo, fazendo com que a água se desloque das zonas de menor concentração de sais (tecido vegetal) para o solo onde a concentração de sais é mais elevada. Uma concentração elevada de sais no solo pode provocar o murchamento das plantas, mesmo quando a humidade do solo é adequada **(Hart, 2008; Horneck *et al.*, 2007)**.

1.1.2 Solos sódicos

Os solos sódicos têm frequentemente uma cor preta devido à dispersão da matéria orgânica e uma superfície gordurosa ou oleosa com pouco ou nenhum crescimento vegetativo. Estes solos têm sido designados por "álcalis negros" ou "manchas escorregadias". Os solos sódicos são ricos em sódio permutável em comparação com o cálcio e o magnésio (a CE é inferior a 4 dS/m (deci-siemens/metro) e frequentemente inferior a 2 dS/m). O pH do solo é geralmente superior a 8,5 e pode atingir 10 ou mesmo 11 em casos extremos. O sódio permutável elevado, o pH elevado e o baixo teor de cálcio e magnésio provocam a dispersão do solo, o que significa que as partículas individuais do solo actuam de forma independente. A dispersão das partículas do solo destrói a estrutura do solo e impede o movimento da água para dentro e através do solo, obstruindo os espaços porosos **(Daniels, 2003; Horneck, 2007).**

1.1.3 Solos salino-sódicos

Os solos salino-sódicos são ricos em sódio e outros sais. Têm normalmente uma CE superior a 4 dS/m (mmhos/cm), SAR (rácio de adsorção de sódio) superior a 13 e/ou ESP (percentagem de sódio permutável) superior a 15. O pH do solo pode ser superior ou inferior a 8,5. Os solos salino-sódicos têm geralmente uma boa estrutura do solo e um movimento adequado da água através do perfil do solo. Podem ter as caraterísticas de um solo salino ou sódico, dependendo da predominância do sódio ou do cálcio. O excesso de sais prejudica as plantas ao perturbar a absorção de água pelas raízes e ao interferir com a absorção de nutrientes competitivos. A meteorização de materiais geológicos deu origem aos nossos solos actuais, mas também produz sais que afectam o crescimento e o rendimento das culturas. A falta de lixiviação em certas paisagens tem impedido a saída dos sais. O padrão de solos salinos em todo o estado resulta de anos de redistribuição natural do sal. No entanto, as práticas de utilização dos solos e os padrões de precipitação podem influenciar a propagação e a gravidade dos solos salinos. A lixiviação de sais ao longo do tempo criou águas subterrâneas salinas pouco profundas em vastas áreas do Estado. A água flui para baixo no solo devido à gravidade. Os sais concentram-se frequentemente no solo ou perto dele superfície através da ascensão capilar. Na ascensão capilar, a água move-se de onde o solo está saturado ou quase saturado para um solo mais seco contra a força da gravidade, tal como a água que se move para uma esponja seca a partir de uma poça de água no chão. A evaporação seca então o solo e "puxa" a água por fluxo capilar da zona húmida do solo. Como apenas a água pura se evapora, os sais são deixados para trás. Em solos franco-siltosos, esta subida pode atingir oito a nove pés acima do nível freático. Teoricamente, é possível uma elevação de até 15 pés num solo franco ou franco-argiloso siltoso **(Knuteson *et al.*, 1989; Horneck *et al.*, 2007).**

2.9 Plantação em solos salino-sódicos

O período ideal para completar a sementeira de espécies forrageiras e de cobertura em solos húmidos e salinos é o final do outono (outubro a dezembro) ou durante o inverno. A semente deve estar no solo antes da próxima estação de crescimento, para que possa tirar partido do efeito diluidor da humidade do início da primavera sobre as concentrações de sal. Em situações de regadio, a germinação e a emergência das plântulas podem ser melhoradas com regas ligeiras mas frequentes durante o estabelecimento inicial. A preparação da sementeira é fundamental. Com salinidade baixa a moderada, recomenda-se uma cama de sementes lavrada, firme e sem ervas daninhas. Com níveis de salinidade elevados a muito elevados, particularmente quando se trata de um lençol freático elevado, a lavoura pode não ser possível ou não proporcionar a melhor cama de sementes. Nestas condições, a vegetação e as ervas daninhas devem ser controladas quimicamente. A profundidade de plantação para a maioria das espécies deve ser de cerca de % a % de polegada **(Ogle *et al.*, 2007)**.

Um método alternativo para o estabelecimento de gramíneas em solos salino-sódicos é a sementeira. A sementeira de ramos envolve a plantação de rizomas numa área a uma profundidade de 3 a 4 polegadas. Está disponível no mercado equipamento especializado para escavar e plantar raminhos. Os ramos também podem ser plantados com um plantador de árvores. As plantas podem ser estabelecidas por meio de raminhos a níveis de salinidade ligeiramente mais elevados do que por sementeira, porque os rizomas são mais tolerantes ao sal do que as sementes e as plântulas e são colocados abaixo da concentração mais elevada de sais que se formam perto da superfície do solo. Uma vez estabelecidas, as gramíneas rizomatosas espalham-se e preenchem os espaços vazios. A disponibilidade de uma fonte de ramos nas proximidades do local de plantação, os custos de transporte e a disponibilidade de equipamento são as maiores limitações a este tipo de método de estabelecimento **(Ogle *et al.*, 2007)**.

2.10 Halófitas

2.10.1 Plantas halófitas e glicófitas

As halófitas são um grupo diversificado de plantas com diferentes graus de tolerância real ao sal, mas parecem ter em comum a capacidade de sequestrar (NaCl) nos vacúolos celulares como o principal osmótico das plantas. Embora representem apenas 2% das espécies de plantas terrestres, as halófitas estão presentes em cerca de metade das famílias de plantas superiores e representam uma grande diversidade de formas vegetais. As halófitas cultivadas em água do mar requerem uma fração de lixiviação para controlar os sais do solo, mas a salinidades mais baixas superam as culturas convencionais em termos de rendimento e de eficiência de utilização da água. As forragens e sementes de halófitas podem substituir os ingredientes convencionais nos sistemas de alimentação animal, com algumas restrições à sua utilização devido ao elevado teor de sal e aos compostos anti-nutricionais presentes em algumas espécies **(Edward *et al.*, 1999)**.

As halófitas requerem concentrações de electrólitos (tipicamente Na^+ e Cl^-) mais elevadas ou muito mais elevadas do que as encontradas em solos não salinos para um crescimento ótimo. A forma como estas plantas respondem melhor e dentro de que intervalo de (NaCl) (definido aproximadamente entre 20 e 500 mMNaCl) é complexa e levou a várias tentativas de classificação **(Flowers *et al.*, 1977; Hasegawa *et al*, 2000)**. As halófitas parecem não possuir uma maquinaria metabólica única que seja insensível ou activada por Na^+ e Cl^- elevados **(Nelson *et al.*, 1998; Hasegawa *et al*, 2000)**. Em vez disso, as plantas acabam por sobreviver e crescer em ambientes salinos devido ao ajustamento osmótico através da compartimentação intracelular que separa os iões tóxicos do citoplasma através do transporte dependente de energia para o vacúolo **(Apse *et al.*, 1999; Hasegawa *et al*, 2000)**. Algumas halófitas excluem Na^+ e Cl^- através de glândulas e bexigas, que são estruturas especializadas que parecem ser invenções evolutivamente tardias através das quais as halófitas ganham uma vantagem sobre as glicófitas. O ajustamento osmótico, tanto nas halófitas como nas glicófitas, é também conseguido através da acumulação de solutos orgânicos no citosol e no lúmen, matriz ou estroma dos organelos (Figuras 2.2 e 2.3) **(Niu X *et al.*, 1995)**.

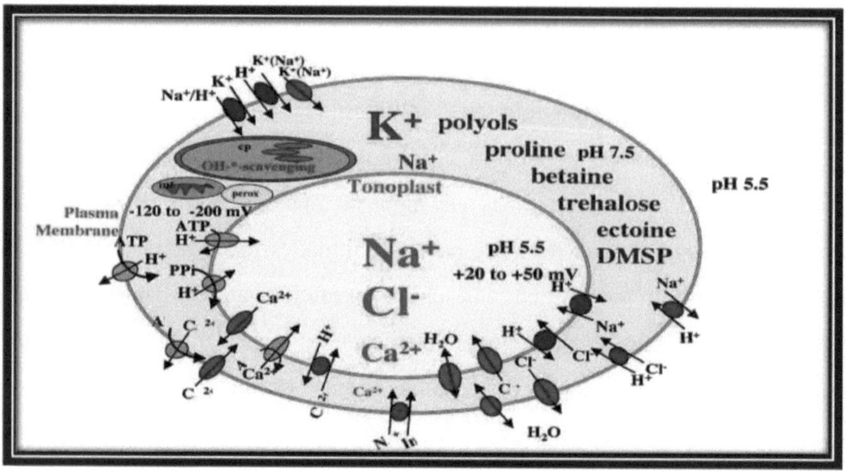

Figura 2.2 Homeostase celular estabelecida após a adaptação ao sal (NaCl). Estão indicados os osmólitos e iões compartimentados no citoplasma e no vacúolo, as proteínas de transporte responsáveis pela homeostasia do Na^+ e do Cl^-, os canais de água e os potenciais electroquímicos através da membrana plasmática e do tonoplasto. Estão incluídos organelos (cloroplasto (cp), mitocôndria (mt) e peroxissoma (perox)) para os quais está implicada a importância da eliminação de ROS (espécies reactivas de oxigénio) **(Niu X *et al.*, 1995; Hasegawa *et al.*, 2000)**.

Uma das principais diferenças entre halófitas e glicófitas é a capacidade das primeiras de sobreviver ao choque salino. Esta maior capacidade permite às halófitas estabelecer mais rapidamente um estado metabólico estável para o crescimento num ambiente salino. No entanto, a capacidade de resposta à salinidade e, pelo menos, alguma capacidade de estabelecer um novo estado estável adaptado não é exclusiva das halófitas, na medida em que as células e plantas das glicófitas apresentam uma capacidade substancial de tolerância ao sal, desde que o stress seja imposto. Resta então saber se determinados mecanismos bioquímicos das halófitas são mais bem activados ou estão pré-ativados, permitindo uma resposta global mais rápida e bem sucedida ao stress salino.

Devido à diversidade das espécies halófitas, não existe uma resposta simples a esta questão, mas as respostas adaptativas únicas ao stress (NaCl) não são aparentes na esmagadora maioria das halófitas **(Glenn *et al.*, 1999; Hasegawa *et al*, 2000)**.

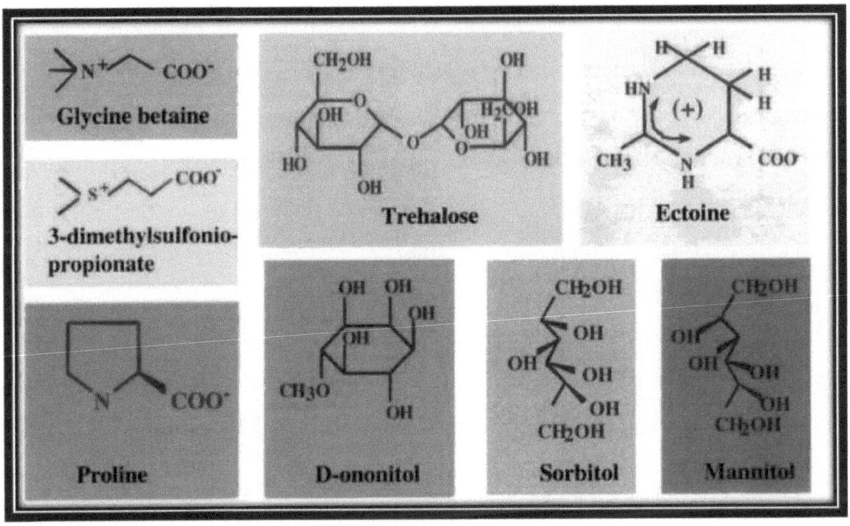

Figura 2.3 Osmólitos /Osmoprotectores. Os osmólitos enumerados são comuns e estão envolvidos quer no ajustamento osmótico quer na proteção da estrutura. Em todos os casos, foi demonstrado que a proteção está associada à acumulação destes metabolitos, quer em sistemas naturalmente evoluídos quer em plantas transgénicas **(Bohnert e Jensen, 1996; Hasegawa *et al*, 2000)**.

Enquanto as glicófitas restringem o movimento de iões para o rebento, tentando controlar o influxo de iões no xilema da raiz, as halófitas tendem a absorver mais facilmente NaCl, de tal forma que as raízes têm tipicamente concentrações de NaCl muito mais baixas do que o resto da planta **(Adams *et al.*,** Parece que uma das principais vantagens que as halófitas têm sobre as glicófitas não é apenas uma maior capacidade de repartição do NaCl, mas também uma capacidade mais eficaz de coordenar esta repartição com os processos que controlam o crescimento e o fluxo de iões através da membrana plasmática, tanto no contexto celular como no organismo. Isto pode explicar porque é que as halófitas podem utilizar e talvez depender do Na^+ e do Cl^- para o ajustamento osmótico que, por sua vez, suporta a expansão celular em tecidos em crescimento e o turgor em órgãos diferenciados **(Adams *et al.*, 1992; Hasegawa *et al*, 2000)**. Num ambiente salino, a capacidade de absorver e confinar (NaCl) às folhas reduz o potencial osmótico das partes aéreas das plantas; isto facilita a absorção e o transporte de água e reduz o custo metabólico da produção de osmólitos. Pelo contrário, a necessidade de uma deposição vacuolar eficiente de (NaCl) implica um custo mais elevado para o bombeamento de H^+ e possivelmente requer mecanismos adicionais para a aquisição de nutrientes iónicos, principalmente K^+ . Além disso, os benefícios osmóticos do armazenamento de Na^+ e Cl^- como osmólitos abundantes e baratos são limitados pelo espaço vacuolar disponível. Por conseguinte, a continuação do crescimento, ou seja, a produção de novos vacúolos, pode ser um fator que limita a tolerância **(Lerner, 1999; Hasegawa *et al.*, 2000)**.

2.10.2 Classificação das halófitas

As halófitas são classificadas de várias formas, como a classificação baseada no comportamento ecológico geral e na distribuição, na resposta do crescimento da planta à salinidade e na quantidade de sal ingerida, etc. **(Waisel, 1972; Aslam *et al.*, 2011)**. **Albert e Popp, (1977)** classificaram as halófitas cultivadas ao longo do pântano salgado como fisiótipos. As halófitas também podem ser classificadas com base na presença ou ausência de glândulas salinas, por exemplo, mangais negros que têm glândulas salinas bem desenvolvidas e mangais vermelhos que não têm glândulas salinas **(Popp *et al.*, 1993; Aslam *et al.*, 2011)**.

2.10.2.1 Classificação com base no teor interno de sal da planta

Steiner, (1934) classificou os halófitos de acordo com a sua reação ao teor interno de sal. Segundo Steiner, as halófitas dos pântanos salgados podem ser divididas em dois tipos principais: tipos reguladores de sal e tipos acumuladores de sal. As halófitas também são classificadas como excludentes e inclusivas com base no teor interno de sal da planta **(Ashraf *et al.*, 2006; Aslam *et al.*, 2011)**.

2.10.2.2 Classificação com base na morfologia

Neste tipo de classificação, as halófitas são frequentemente classificadas como excretoras e suculentas com base na sua morfologia **(Roohi *et al.*, 2011)**.

a- Excrementos

Essas halófitas que são capazes de excretar o excesso de sal do corpo da planta são conhecidas como excretivas (por exemplo, *Spartina alteniflora, S. patens*). Nesses tipos de halófitas, os cristais de sal podem permanecer visíveis na superfície da folha da planta; elas têm células glandulares que ajudam a remover o excesso de sal do corpo da planta **(Marschner, 1995; Aslam *et al.*, 2011)**.

b- Suculentas

Estes tipos de halófitas têm uma bexiga salina na superfície das suas folhas. As suculentas armazenam grandes quantidades de água no seu corpo para minimizar a toxicidade do sal **(Weber, 2008; Aslam *et al.*, 2011)**. Quase todas as halófitas encontradas nos desertos pertencem a esta categoria (por exemplo, *Suaeda calceoliformis*).

2.10.2.3 Classificação baseada na necessidade de sal das halófitas

De acordo com **Sabovljevic e Sabovljevic, (2007)**, consoante as suas exigências e tolerância aos sais de sódio, os halófitos podem ser classificados como obrigatórios e facultativos. Os aspectos ecofisiológicos também podem ser utilizados para diferenciar entre halófitos obrigatórios, facultativos e indiferentes ao habitat **(Cushman, 2001).**

a- Halófitas obrigatórias

Estes tipos de halófitas necessitam de algum sal para o seu crescimento e são também conhecidas como halófitas verdadeiras e desenvolvem-se quando a água contém mais de 0,5 a 1% de cloreto de sódio **(Ungar, 1978).** As halófitas obrigatórias mostram uma clara otimização no seu crescimento quando a quantidade de sal é aumentada nos seus meios. Os membros da família *Chenopodiacea* pertencem a esta categoria **(Cushman, 2001).**

b- Halófitas facultativas

Podem ser cultivadas sob stress salino, mas podem crescer bem sem sal ou, pelo menos, num ambiente em que a concentração de sal no solo é bastante baixa. Os membros de Graminae, Cypraceae e Juncaceae, bem como um grande número de dicotiledóneas, pertencem a esta categoria **(Sabovljevic e Sabovljevic, 2007; Aslam *et al.*, 2011)**.

c- Halófitos indiferentes ao habitat

Há certas plantas que são diferentes do seu habitat, mas são capazes de lidar com o solo salgado na natureza. Essas plantas preferem geralmente viver num solo sem sal, mas, por outro lado, também podem viver em solo salgado e têm a capacidade de competir com as espécies sensíveis ao sal **(Cushman, 2001; Aslam *et al.*, 2011)**. Neste tipo de plantas pode existir algum tipo de diferença genética entre as plantas que vivem num solo sem sal e as plantas que vivem num solo enriquecido com sal, alguns exemplos são *Festucarubra, Agrostisstolonifera* e *Juncusbufonius* **(Sabovljevic e Sabovljevic, 2007; Aslam *et al.*, 2011)**.

2.10.2.4 Classificação das halófitas em função do habitat

As halófitas podem ser divididas em dois tipos principais com base na sua distribuição geográfica ou habitat **(Youssef, 2009; Aslam *et al.*, 2011).** Estes dois tipos são os seguintes

a- Hidro-halófitas

Estas são as plantas que podem crescer em solo aquático ou em condições húmidas. A maioria das espécies de mangais e sapais ao longo das linhas costeiras são hidro-halófitas **(Youssef, 2009; Aslam *et al.*, 2011)**.

b- Xero-halófitas

Podem crescer em ambientes onde o solo é salino, mas o teor de água do solo é menor devido à evaporação e muitas delas são suculentas **(Youssef, 2009; Aslam *et al.*, 2011).** Exemplos comuns de suculência podem ser encontrados na família Chenopodiaceae.

2.10.3 Diversidade de Halófitas

As halófitas são consideradas formas vegetais raras que surgiram separadamente em famílias de plantas não relacionadas durante a diversificação das angiospérmicas **(O'Leary e Glenn, 1994).** Assemelham-se a epífitas, saprófitas, xerófitas, plantas aquáticas e pantanosas **(Kremer e Van-Andel, 1995).** Não existe uma lista exaustiva de espécies halófitas, em parte devido ao problema de definir o limite inferior de tolerância ao sal a partir do qual uma planta deve ser considerada halófita. **Aronson, (1989)** compilou uma lista parcial de halófitas contendo 1560 espécies em 550 géneros e 117 famílias. A lista de Aronson incluía provavelmente 20 a 30% da flora terrestre halófita, que atingiria então 5000 a 6000 espécies ou 2% das espécies mundiais de angiospérmicas e 57% provinham de apenas 13 famílias de plantas. O maior número de espécies halófitas encontra-se nas Chenopodiaceae; mais de metade das suas 550 espécies são halófitas. As três superfamílias como Poaceae (gramíneas), Fabaceae (leguminosas) e Asteraceae (compostas) também têm um grande número de halófitas, embora representem menos de 5% das espécies destas famílias. As halófitas também diferem muito nas suas adaptações aparentes para lidar com os sais **(Ungar, 1991; Glenn *et al.*, 1999).** Foram construídos esquemas de classificação que tentam fazer corresponder caracteres morfológicos e fisiológicos a halófitos-habitats específicos ou a estratégias de crescimento. **Le-Houerou,** (**1993; Glenn *et al.*,** (**1999**) analisou três esquemas que dividiam as halófitas em 4 tipos baseados no grau de tolerância ao sal, 5 tipos baseados em associações ecológicas e 12 tipos baseados em factores edáficos.

2.10.4 Mecanismos de tolerância ao sal em halófitas

2.10.4.1 Fisiologia das halófitas baseada na tolerância ao sal

As halófitas dicotiledóneas acumulam geralmente mais NaCl nos tecidos dos rebentos do que as halófitas monocotiledóneas (especialmente as gramíneas). Estudos mostram que as gramíneas e outras halófitas monocotiledóneas utilizam a absorção de Na^+ nas folhas para o ajustamento osmótico, tal como as halófitas dicotiledóneas. Devido ao seu menor volume vacuolar e conteúdo de água nas folhas, as gramíneas não necessitam de tanta absorção de Na^+ por unidade de crescimento como as halófitas dicotiledóneas típicas. Assim, mantêm rácios Na: K mais baixos quando expostas ao sal, mas, com algumas excepções **(Matsushita e Matoh, 1992)**, não são estritamente excludentes **(Glenn, 1987; Glenn *et al.*, 1999**). *Salicorne* sp. e *Spartina alterniflora* (Figs. 2.4 e 2.5) são bons exemplos de plantas halófitas.

Fig.2.4 *Salicorne Sp.***(Glenn, 1987)**

Fig. 2.5 *Spartina alterniflora* (Glenn, 1987).

2.11 Planta halófita '*Simmondsia chinensis*'

2.11.1 Classificação

A primeira descrição taxonómica desta espécie surgiu em 1822, quando Johann Link lhe deu o nome de Buxus chinensis, mais tarde alterado para *Simmondsia californica* em 1844 por Thomas Nuttall. Em 1912, o botânico austríaco Camillo Karl Schneider renomeou-a como *Simmondsia chinensis*. Embora os primeiros botânicos tenham colocado a jojoba na família Buxaceae, muitos outros botânicos acreditam que deve ser colocada na sua própria família devido à sua distinção morfológica e anatómica **(Orwa *et al*,. 2009).**

Nome científico: *Simmondsia chinensis.*

Nome comum: Jojoba.

Sinónimo: *Buxus chinensis.*

Outros nomes: *Simmondisa chinensis.*

Simmondisa califórnia.
Simmondisa califonrnica.
Simmondisa califonrnica Nutt.
*Simmondsia chinensis (*Link) S.K. Schneid.
Goatnut.

Taxonomia: **Cúpula real** **Plantea**

Filo	Angiospérmicas
Classe	Eudicotes
Subclasse	Core eudicotes
Encomendar	Caryophyllales
Família	Simmondsiaceae
Género	*Simmondsia*
Espécies	*chinensis*

A jojoba (*Simmondsia chinensis* (link) Schneider) é uma planta (Figs.2.6&2.7) que pode crescer em zonas semi-áridas. Este arbusto de sobremesa sempre verde é nativo das colinas áridas do Arizona, do sul da Califórnia e das partes adjacentes do México. As folhas e os ramos jovens são muito consumidos por ovelhas, gado e cabras. As sementes são comestíveis para o homem e são muito utilizadas pelos índios americanos como alimento. A jojoba produz uma colheita de sementes que contém 40-50% de óleo que é único na natureza. Nenhuma outra planta na terra produz óleo como a jojoba. O stress salino afecta muitos processos fisiológicos e bioquímicos nas plantas, resultando na alteração de algumas vias metabólicas **(Frechilla *et al.*, 2002).**

A natureza da tolerância ao sal é complexa e não é bem compreendida, mas pode ser alcançada através da compartimentação do sal na célula e na planta **(Khan *et al.*, 2000)**. Em resposta ao stress salino, muitas plantas sintetizam e acumulam compostos osmoticamente activos e de baixo peso molecular, tais como prolina, polióis, hidratos de carbono, aminoácidos e ácidos orgânicos **(Frechilla *et al.*, 2002; Girija *et al.*, 2002).**

Fig. 2.6 *Simmondsia chinensis* **(Washington, 1948)**

Fig 2.7 Folhas **de Simmondsia** *chinensis* **(Yermanos e Duncan,1976)**

2.11.2 Descrição:

A família Simmondsiaceae (família da jojoba) tem apenas um género, *Simmondsia,* que consiste em apenas uma espécie, a jojoba S. *chinensis* (Link) Schneider. Outrora considerada como um membro isolado da família bux (Buxaceae), a jojoba é atualmente considerada como suficientemente distinta para ser colocada na sua própria família **(Brooks, 1978).**

A jojoba é um arbusto esparsamente ramificado, decumbente a ereto, que cresce até 2 ou raramente 3 m de altura. As suas folhas grandes (2 a 4 cm de comprimento), opostas e inteiras são sempre verdes, coriáceas e cinzentas. As plantas são extremamente tolerantes à seca **(Al-Ani *et al.*, 1972)** e a sua folhagem é uma fonte de forragem nutritiva para ovinos, caprinos e bovinos, bem como para ungulados selvagens e pequenos animais de pasto como os coelhos. As sementes grandes têm sido utilizadas localmente como fonte de alimento pelos povos indígenas **(Brooks, 1978).**

A jojoba (*Simmondsia chinensis* Link. Schneider), membro monogénico e monoespecífico da família *Simmondsiaceae*, é um arbusto dioico perene do deserto com uma duração natural superior a 100 anos. As suas sementes contêm cerca de 50% de óleo, que é uma alternativa ao óleo de cachalote e é famoso pela sua utilização em cosméticos, lubrificantes e produtos farmacêuticos, etc. Devido às suas propriedades únicas de óleo, este valioso arbusto tem sido objeto de atenção por parte de investigadores e cientistas de todo o mundo. A jojoba, sendo uma planta de polinização cruzada, não se reproduzirá fielmente por sementes ou propagação sexual. Para manter os caracteres pelos quais foi selecionada, uma única planta de jojoba tem de ser propagada assexuadamente. A propagação assexual ou vegetativa da jojoba pode ser realizada por estratificação **(Reddy, 2003)**, enxertia **(Bashir *et al.*, 2006)**, estacas **(Singh *et al.*, 2003)** ou técnicas de cultura de tecidos **(Tyagi e Prakash, 2004).** Assim, um indivíduo selecionado pode ser reproduzido de forma geneticamente idêntica, formando uma população clonal ou uma cultivar. Entre as técnicas biotecnológicas, a micropropagação é uma técnica de multiplicação em massa de material de plantação selecionado em grande escala num curto espaço de tempo. Assim, uma única fonte de explantes poderia fornecer milhares de novas plântulas por ano. Com o sucesso da criação de plantas in vitro, a micropropagação atingiu um nível comercial em muitas espécies de plantas nos últimos anos **(Chandra e Mishra, 2003).**

A Simmondsia chinensis(Link) Schneider é um arbusto perene de folha persistente. É dioica, com flores masculinas e femininas presentes em plantas separadas. **(Ali *et al.*, 2013).**

2.11.3 Floração e frutificação:

A jojoba é dióica e depende do vento para uma polinização bem sucedida **(Niklas e Buchmann, 1985).** As flores, que são amarelo-esverdeadas, discretas e sem pétalas, nascem nas axilas das folhas. As flores masculinas estão agrupadas nos nós, e as flores femininas são geralmente isoladas. A floração ocorre de março a maio, em resposta às chuvas de inverno. As plantas da maioria das populações parecem ter uma necessidade de vernalização curta (2 semanas) para a indução da floração **(Nord e Kadish, 1974)**. Sob condições de plantação, a jojoba geralmente começa a produzir sementes no segundo ou terceiro ano após a plantação **(Nord e Kadish, 1974; Yermanos, 1974)**. As sementes amadurecem durante o verão. O endosperma está ausente e os cotilédones (que funcionam como órgãos de armazenamento) contêm cerca de metade do seu peso como cera (Brooks, 1978). Boas colheitas de sementes são produzidas em intervalos de 2 a vários anos **(Brooks, 1978; Castellanos e Molina, 1990)**.

Alguns indivíduos parecem estar geneticamente predispostos a serem mais produtivos do que outros, o que torna possível a seleção para um maior rendimento **(Nord e Kadish, 1974; Yermanos, 1974)**.

As 1 a 3 sementes grandes encontram-se numa cápsula que se assemelha superficialmente a uma bolota. Estas abrem-se apicalmente e pelos lados para libertar as sementes. Tal como acontece com qualquer espécie desértica da América do Norte com sementes grandes, as sementes de jojoba são dispersas por roedores que também são os seus principais consumidores **(Castellanos e Molina, 1990)**. **Sherbrooke, (1976)** relatou que apenas uma espécie de heteromiídeo no sul do Arizona, o rato de bolso de Bailey (*Peragnathusbaileyi*), foi capaz de utilizar sementes de jojoba. As sementes contêm um cianoglucósido cianogénico tóxico único (simmondsina). Concluiu que o rato de bolso de Bailey tinha desenvolvido um mecanismo de desintoxicação que lhe permitia comer as sementes sem sofrer danos. As sementes não são, no entanto, particularmente tóxicas para o ser humano. As plântulas de jojoba emergem em resposta às chuvas de outono, inverno ou primavera **(Castellanos e Molina, 1990; Sherbrooke, 1976)**. A germinação é hipogénea. Os povoamentos selvagens são muitas vezes fortemente masculinos, por vezes até 4 machos para 1 fêmea, mas no cultivo a proporção entre os sexos é mais igual **(Brooks, 1978)**. Pensa-se que as plantas masculinas são mais tolerantes ao stress enquanto plântulas e, portanto, têm taxas de sobrevivência mais elevadas em condições naturais. A sobrevivência das plântulas depende principalmente dos padrões climáticos **(Castellanos e Molina, 1990)**, mas pode ser maior com a proteção de plantas de apoio ou outros objectos de abrigo **(Sherbrooke, 1976).**

2.11.4 Recolha, limpeza e armazenamento de sementes.

As sementes de jojoba são mais facilmente recolhidas com um ancinho ou aspirando-as depois de terem caído no chão, mas onde os roedores estão activos, as sementes não permanecem no chão durante muito tempo **(Castellanos e Molina, 1990).** Além disso, a forma de crescimento pode ou não ser favorável a esta atividade, um problema que é resolvido em cultura através da poda de fundo **(Yermanos, 1974).** Para os pequenos lotes, as sementes podem ser recolhidas batendo os ramos sobre um funil ou arrancando-os à mão quando ainda estão ligeiramente verdes, na fase de "massa dura" **(Nord e Kadish, 1974).** As sementes colhidas verdes devem ser deixadas a secar num local com sombra e bem ventilado. Foi desenvolvido um dispositivo pneumático para a colheita comercial **(Coates e Yacizi, 1991)**. Se forem colhidas intactas, as cápsulas podem ser quebradas com um desbarbador de cevada ou um moinho de martelos. As sementes podem então ser limpas de detritos e sementes não cheias num moinho convencional ou num filtro de ar. A pureza e a viabilidade dos lotes de sementes limpas são geralmente elevadas **(Nord e Kadish, 1974).**

As sementes de jojoba são bastante variáveis em tamanho, tanto dentro como entre lotes de sementes **(Yermanos,1979). Nord e Kadish (1974)** relataram que o peso das sementes entre lotes variava de 660 a 3.300/kg (300 a 1.500/lb). **Ismail (1988)** classificou as sementes de um único lote em 3 classes de tamanho com os seguintes valores médios:

Tabela 2.1: As sementes de jojoba são bastante variáveis (Ismail, 1988)

	Sementes/peso		**Comprimento**	
	/kg	**/lb**	**Cm**	**Em**
Pequeno	2,300	1,045	0.93	1/3
Médio	1,300	590	1.38	'/a
Grande	1,060	480	1.84	%

Castellanos e Molina (1990) relataram que o tamanho das sementes viáveis é ainda maior, de 670 a 20.000/kg (quilograma) 305 a 900/lb (libra). As sementes de jojoba perdem a viabilidade de forma relativamente rápida no armazenamento em laboratório à temperatura ambiente (de 100% para < 60% após 2 anos), mas aparentemente ainda são ortodoxas no comportamento de armazenamento. Quando armazenadas a um baixo teor de humidade e temperatura (3°C), os lotes de sementes mantiveram uma alta viabilidade durante 10 a 12 anos **(Nord e Kadish, 1974).** Em condições naturais, as sementes de jojoba não formam um banco de sementes persistente; todas as sementes germinam, perdem a viabilidade ou são consumido no prazo de um ano após a produção **(Castellanos e Molina, 1990)**.

Fig 2.8 Sementes *de Simmondsia chinensis* **(Yermanos e Duuncan 1976)**

2.11.5 Ecologia

A jojoba encontra-se na costa e no sul da Califórnia cis-montana, a leste do Arizona central e a sul de Sonora e Baja Cal ifornia **(Shukry *et al.*, 2013).** É uma planta caraterística das comunidades arbustivas de terras altas nos desertos de Sonora e do Colorado e é também bastante comum como componente do chaparral.

A jojoba tem possibilidades muito prometedoras de ser cultivada no deserto, mesmo com um clima relativamente quente. A sua natureza resiste ao clima quente no verão, ao clima quente no inverno, à baixa fertilidade do solo e a poucos recursos hídricos. Necessita de menos de um quarto da quantidade de água necessária para as azeitonas, com grande capacidade para suportar o elevado teor de sal no solo. O retorno da plantação de jojoba é encorajador **(Shukry *et al.*, 2013).**

A jojoba (*Simmondsia chinensis* (Link) Schneider) é uma cultura relativamente nova, adaptada a climas quentes e secos. É uma nova cultura industrial que está a ser cultivada comercialmente em regiões quentes áridas e semiáridas. **(Ali *et al.*,2013)**.

A jojoba, *Simmondsia chinensis* (Link) Schneider, Buxaceae, é um arbusto xerófito árido originário do deserto de Sonora, no Arizona e no norte do México. A jojoba é atualmente cultivada comercialmente na Austrália, Argentina, Chile, Peru, Egito e Israel. Há também registo de plantações na África do Sul e na Índia. A jojoba cobre uma superfície de cerca de 8500ha hectares **(Canoira, 2006)** e prevê-se que a produção mundial de jojoba cresça acentuadamente na próxima década.

A jojoba é considerada uma das soluções mais práticas para a plantação no deserto no Egito, na Arábia Saudita e noutras terras desérticas. A tolerância ao calor, à seca e ao sal, a menor possibilidade de infeção, a menor necessidade de fertilizantes e o generoso rendimento financeiro são certamente os objectivos mais encorajadores da plantação de jojoba no Egito e na Arábia Saudita **(Osman e Abo Hassan, 1998; El Moguy, 2002).**

2.11.6 Valor económico:

A caraterística mais notável da jojoba do ponto de vista humano é a cera líquida invulgar que constitui a reserva de armazenamento das suas sementes. Esta substância, um éster de ácido gordo de um álcool de cadeia longa, é única no reino vegetal. Tem propriedades químicas e reológicas semelhantes às do óleo de cachalote, o que a torna útil numa série de aplicações **(Brooks, 1978).** O interesse na produção comercial de sementes de jojoba aumentou muito em meados da década de 1970, quando a importação de óleo de cachalote para os Estados Unidos foi proibida. Os primeiros esforços concentraram-se na colheita de sementes em terrenos selvagens, mas logo se percebeu que, para uma produção rentável, seria necessário o cultivo num ambiente agronómico **(Foster, 1980; Yermanos, 1979).** Desde essa altura, a jojoba tem sido cultivada com sucesso em muitas regiões semi-áridas do mundo **(Ismail 1988; Kumari *et al*, 1991; Milthorpe, 1989; Muthana, 1981; Nimir e Ali-Dinar, 1991),** onde tem a vantagem de necessitar de pouca água e de poder crescer em terras agrícolas marginais. A seleção da variabilidade natural e o melhoramento genético deram origem a cultivares melhoradas **(Dunstone, 1990, 1991; Palzkill *et al.*, 1989).**

2.11.7 Utilizações:

As plantas são extremamente tolerantes à seca **(Al-Ani *et al.*,1972).** As sementes grandes têm sido utilizadas localmente na América do Norte como fonte de alimento pelos povos indígenas **(Brooks, 1978).** As sementes de jojoba contêm uma substância de cera líquida composta por ésteres de ácidos gordos com álcool de cadeia longa, semelhante ao óleo de baleia **(Brooks, 1978)**. A concentração de óleo da semente na fase de maturidade varia entre 38 e 62% do peso seco da semente **(Miwa e Spencer, 1976)**. O óleo pode ser obtido por pressão mecânica ou por extração com solventes **(Verbanic, 1986)**. A estabilidade oxidativa única do óleo de jojoba natural, a sensação agradável do óleo na pele e no cabelo, a biodegradabilidade, o facto de não ser derivado do petróleo e de ser um produto renovável são razões para a sua utilização valiosa na indústria cosmética **(Brown J, 1994; Wisniak, 1987)**. A farinha remanescente após a extração do óleo de jojoba contém 30% de proteínas compostas por 17 aminoácidos, 7 dos quais são aminoácidos essenciais. A farinha torna-se adequada para utilização como alimento para animais e como fertilizante orgânico para o solo. **(Shukry *et al.*, 2013)**.

A jojoba tornou-se uma cultura alternativa atractiva devido às aplicações comerciais promissoras do seu óleo de sementes em cosméticos. Muitos países estão a procurar desenvolver a cultura da jojoba para resolver o problema da sobreprodução e do baixo preço dos seus alimentos e de outras culturas tradicionais **(Ayerza, 1996)**. **Botti *et al.* (1998)** indicaram que as plantações de jojoba têm agora mais hipóteses de sucesso económico e agrícola. Nos últimos anos, o interesse renovado no cultivo comercial da jojoba começou à medida que as propriedades úteis da cera líquida obtida da semente foram confirmadas (**Wisniak, 1987 e Brown *et al.*, 1996**).

É utilizado na indústria cosmética (como um produto de limpeza, condicionador, hidratante e amaciador altamente eficaz para a pele e o cabelo), farmacêutica (como agente anti-espuma na produção de penicilina; como tratamento de pequenas erupções cutâneas, cortes, acne, psoríase, neurodermatite e para prevenir fugas anais), produtos alimentares (como auxiliar de dieta), indústria transformadora [como lubrificante não contaminante para maquinaria alimentar, agente amaciador de couro, substituto de produtos petroquímicos como produtos de linóleo, adesivo e para materiais resistentes ao calor, detergentes, emulsionantes e aditivo multifuncional para óleos lubrificantes] e indústria automóvel (como lubrificante superior em maquinaria de alta velocidade, trabalho com ferramentas e corte de metais). É também um recurso energético renovável **(Aydinlatmasi, 2002).**

2.12 Efeito da salinidade em alguns processos fisiológicos da planta

2.12.1 Parâmetros de crescimento:

Ali ***et al.*****, (2012)** estudaram a plantação de jojoba para produção de óleo sob stress salino e hídrico na região de Taif. O seu estudo investigou o efeito dos intervalos de irrigação com diferentes concentrações de salinidade (NaCl) no crescimento dos rebentos, nos parâmetros radiculares, nas medições das folhas e nos constituintes químicos das folhas de jojoba (*Simmondsia chinensis* (Link) Schneider). Os resultados indicaram que houve uma maior eficácia no aumento do crescimento

altura, número de folhas e de ramos no caule, bem como o número de nós no caule. Foi observada uma tendência semelhante para as medições das folhas (comprimento, largura, área e densidade estomática). Os parâmetros da raiz seguiram a mesma tendência do crescimento dos rebentos.

AL- Zahrani ***et al.*****, (2012)** estudaram o crescimento e os constituintes minerais do painço de prosa (*Pennisetum glaucum*) irrigado com água do mar. A germinação das sementes de painço-da-prosa foi afetada por níveis elevados de salinidade; as percentagens de germinação aumentaram com a diminuição da concentração de água do mar. O crescimento das plantas também foi afetado pela salinidade; o comprimento dos rebentos foi mais pronunciado do que o das raízes e das folhas. Os comprimentos do rebento, da raiz e da folha atingiram o seu máximo a 50% da salinidade da água do mar, antes de sofrerem uma redução com o aumento da salinidade. O comprimento do rebento foi reduzido em 7,2% a 50% e em 24,6% a 100% da salinidade da água do mar, o comprimento da raiz aumentou a 50% e reduziu-se a 100%, enquanto o comprimento da folha só foi afetado pela salinidade a 100% da salinidade da água do mar em comparação com as plantas irrigadas com água doce (controlo).

Os efeitos do sal no crescimento e nos constituintes químicos da folha da jojoba foram estudados por **Ali** ***et al.*****, (2013)** na Universidade de Taif. Investigaram o efeito de diferentes concentrações de salinidade NaCl, para além do tratamento de controlo (água da torneira) sobre os parâmetros de crescimento, as medidas das folhas e os constituintes químicos das folhas de jojoba (*Simmondsia chinensis* (Link) Schneider).

Os resultados indicaram que os tratamentos de salinidade, especialmente o nível mais elevado, diminuíram significativamente a altura das plantas, o número de folhas e de ramos no caule, bem como o número de nós no caule, em comparação com outros tratamentos de salinidade, na maioria dos casos. Foi observada uma tendência semelhante para as medições das folhas (comprimento, largura, área e densidade estomática). Os parâmetros da raiz seguiram a mesma tendência do crescimento dos rebentos.

Roussos e Pontikis (2003) estudaram os efeitos a longo prazo da salinidade do cloreto de sódio no crescimento *in vitro*, na prolina e no teor de compostos fenólicos dos explantes de jojoba Jojoba (*Simmondsia chinensis* L.) O número médio de rebentos e o comprimento médio total dos rebentos por explante foram significativamente reduzidos sob uma concentração elevada de sal. O peso fresco e seco dos explantes aumentou até ao nível médio de salinidade e diminuiu no nível elevado.

Abdelbasset *et al.*, (2010) estudaram o papel do stress salino na germinação de sementes e no crescimento da planta de jojoba *Simmondisia chinensis* (Link) Schneider. Estes estudos tiveram como objetivo definir o efeito de vários níveis de concentração (NaCl) no crescimento das plantas e na germinação das sementes. A tolerância à salinidade das sementes e plântulas de jojoba foi avaliada em concentrações de (NaCl) e a experiência foi realizada no laboratório em condições de estufa. Os resultados obtidos mostraram que mais de metade das sementes germinaram na presença de 7g/l de (NaCl); enquanto que 5g/l de (NaCl) inibiu completamente a emergência de plúmulas. Relativamente às plântulas de jojoba, 3 g/l de (NaCl) marcou o início do efeito negativo sobre o crescimento.

2.12.2 Teor de clorofila

A salinidade provoca reduções significativas de Chl. a, Chl. b e carotenóides nas folhas de *Bruguieraparviflora* **(Parida *et al.*, 2002)**.

A redução do teor de clorofila sob stress de salinidade foi registada, por exemplo, em *Sesbania* **(Chavan e Karadge, 1980)**, em plantas de tomate e rúcula **(Salama *et al.*, 1981)**, em sorgo e cevada (**Salama e Awadalla, 1987)** e em favas e cevada **(Salama *et al.*, 1997)**.

A identificação de espécies tolerantes ao sal que possam ser cultivadas em condições de elevada salinidade é particularmente importante **(Latha *et al.*, 2004).** As espécies de plantas Annonaceae são particularmente importantes nas regiões semi-áridas em termos de aspectos agro-económicos e de alternativa alimentar, tendo sido estudados alguns aspectos relacionados com o stress salino **(Marler e Zozor, 1996)**. Foi demonstrado que o stress salino em *Annonus squamosa* diminui as trocas gasosas, a fluorescência da clorofila a e a absorção de água e nutrientes, sugerindo que *Annonus squamosa* é sensível ao stress salino **(Marler e Zozor, 1996).**

Um dos principais factores que induzem a senescência das folhas é a diminuição do teor de clorofila em condições salinas **(Chen *et al.*, 1991)**. A senescência das folhas também está correlacionada com o aumento da permeabilidade das membranas em concentrações elevadas de sal **(Dhindsa *et al.*, 1981)**. Foi referido que o excesso de NaCl no meio de crescimento induz alterações estruturais nas raízes do feijão, bem como a fuga de iões correlacionada com alterações das membranas celulares **(Cachorro *et al.*, 1994).**

Ali *et al.*, (2013) estudaram os efeitos do sal no crescimento e nos constituintes químicos das folhas de *Simmondsia chinensis* (Link) Schneider. Investigaram que o efeito de diferentes concentrações de salinidade (NaCl), para além do tratamento de controlo (água da torneira) no teor de clorofila das folhas, diminuiu com o aumento das concentrações de salinidade.

Cha-um, *et al.*, (2010) estudaram os conteúdos de iões, a fuga relativa de electrólitos, a acumulação de prolina , as capacidades fotossintéticas e os caracteres de crescimento das plântulas de palma em resposta ao stress salino. Foi encontrada uma correlação positiva entre os parâmetros fisiológicos e de crescimento, incluindo os pigmentos fotossintéticos.

Kaya *et al.*, (2013) estudaram a atenuação dos efeitos adversos induzidos pelo stress salino nas plantas de milho através da aplicação exógena de ácido indol acético (IAA) e de nutrientes inorgânicos. Os resultados dos seus estudos foram que a salinidade causou uma redução significativa das clorofilas "a" e "b".

2.12.3 Elementos minerais:

Ali *et al.*, (2012) estudaram a plantação de jojoba para produção de óleo sob stress salino e hídrico na região de Taif. Verificou-se que o teor de clorofila das folhas, os hidratos de carbono, as proteínas e os elementos medidos aumentaram com a irrigação frequente. Por outro lado, os tratamentos de salinidade diminuíram significativamente a maioria das caraterísticas anteriores.

Entretanto, o sódio, o cloreto e os hidratos de carbono aumentaram gradualmente com o aumento da concentração de salinidade, especialmente com níveis mais elevados.

Ali *et al.*, (2013) estudaram os efeitos do sal no crescimento e nos constituintes químicos das folhas de *Simmondsia chinensis* (Link) Schneider na Universidade de Taif. Investigaram o efeito de diferentes concentrações de salinidade (NaCl), para além do tratamento de controlo (água da torneira) em N^{3-}, P^{3-}, K^+ e Ca^{2+}. Verificaram que houve uma diminuição destes elementos com o aumento das concentrações de salinidade. Entretanto, o sódio, o cloreto e os hidratos de carbono aumentaram gradualmente com o aumento da concentração de salinidade, especialmente com níveis mais elevados.

Rajaravindran e Natarajan, (2012) estudaram o efeito do stress (NaCl) nas alterações bioquímicas e enzimáticas da halófita *Suaeda* maritime dum. O estudo foi efectuado para estudar o efeito de diferentes concentrações de cloreto de sódio nos constituintes bioquímicos e nas enzimas antioxidantes das plântulas de *Suaeda maritima*. O teor de clorofila aumentou. Para além destes níveis, o conteúdo diminuiu marginalmente.

AL-Zahrani, (2012) estudou o crescimento e os constituintes minerais do painço de prosa (*Pennisetum glaucum*) irrigado com água do mar. A salinidade da água do mar teve um efeito significativo na concentração de iões minerais nas plantas de painço-da-prosa. A concentração de K^+ , Ca^{2+}, Mg^{2+} e Fe^{3+} foi reduzida na parte aérea com o aumento dos níveis de salinidade, enquanto a concentração de Na^+ , Cl^-, Mn^{2+} e Mo^{3+} mostrou um aumento na concentração com o aumento da salinidade da água do mar. Também na raiz, as concentrações de K^+ , Ca^{2+}, Mg^{2+}, Fe^{3+}, Cl^-, foram significativamente reduzidas e as de Na^+ , Mn^{2+} e Mo^{3+} aumentaram.

2.12.4 Prolina:

Roussos e Pontikis, (2003) estudaram os efeitos a longo prazo da salinidade do cloreto de sódio no crescimento *in vitro*, na prolina e no teor de compostos fenólicos dos explantes de Jojoba (*Simmondsia chinensisL.*). O crescimento dos explantes foi seriamente afetado pelos tratamentos de salinidade. Os teores de prolina e de compostos fenólicos dos explantes foram determinados em relação aos tratamentos de salinidade. A um nível elevado de sal, o teor de prolina aumentou, enquanto o teor de fenol total e de o-difenol foi mais elevado nos explantes provenientes do tratamento de controlo. Os teores de ácido ferúlico e de ácido 4-cumárico diminuíram com os níveis elevados de sal. Não se registaram diferenças significativas entre os tratamentos, durante a maior parte do tempo na fase de proliferação, relativamente ao conteúdo de ácido vanílico e ácido protocatecuico.

Rajaravindran e Natarajan (2012) estudaram o efeito do stress (NaCl) nas alterações bioquímicas e enzimáticas da halófita *Suaeda* maritima dum. O estudo foi efectuado para estudar o efeito de diferentes concentrações de cloreto de sódio nos constituintes bioquímicos e nas enzimas antioxidantes das plântulas de *Suaeda maritima*. O teor de prolina aumentou com o aumento da concentração do sal.

2.12.5 Hidratos de carbono:

Roussos *et al.*, (2005) estudaram o papel dos hidratos de carbono na tolerância ao sal de explantes de jojoba (*Simmondsia chinensis* (Link)) *in vitro* Explantes de jojoba [*Simmondsia chinensis* (Link) Schneider.] foram cultivados *in vitro* sob quatro níveis de concentração de cloreto de sódio durante a fase de proliferação de rebentos. Foi determinado o peso seco dos explantes, bem como o seu teor de água e hidratos de carbono. Os explantes de jojoba foram tolerantes à salinidade até um determinado nível (0,66 % p/v de cloreto de sódio), mostrando um aumento da absorção de água e do peso seco em comparação com o controlo. Os hidratos de carbono podem desempenhar um papel osmoprotector na tolerância ao sal da jojoba em condições *in vitro*, aumentando a absorção de água do meio até um determinado nível de salinidade (0,66 % p/v), revelando assim uma resposta adaptativa da espécie contra o aumento da salinização do meio de crescimento.

2.12.6 Enzimas:

Rajaravindran e Natarajan, (2012) estudaram o efeito do stress (NaCl) nas alterações bioquímicas e enzimáticas da halófita *Suaeda* maritima dum. Este estudo foi efectuado para estudar o efeito de diferentes concentrações de cloreto de sódio nos constituintes bioquímicos e nas enzimas antioxidantes das plântulas de *Suaeda maritima*. As enzimas antioxidantes como a catalase (CAT), a peroxidase (POX) e a poli fenol oxidase (PPO) aumentaram até ao nível ótimo de concentração de 300 mM (NaCl) e, para além destes níveis, os conteúdos diminuíram marginalmente.

2.12.7 Proteína:

Ali *et al.*, (2013) estudaram os efeitos do sal no crescimento e nos constituintes químicos das folhas de *Simmondsia chinensis* (Link) Schneider. Este estudo investigou o efeito de diferentes concentrações de salinidade (NaCl), para além do tratamento de controlo (água da torneira) sobre as proteínas, que diminuíram com o aumento das concentrações de salinidade.

Capítulo 3

Materiais e métodos

3.1 Experiência de crescimento:

As sementes de jojoba (*Simmondsia chinensis*) (Link) Schneider, Buxaceae) foram obtidas na Faculaty of environment design. As plantas foram identificadas pelo Dr. Adel ALqurashi. Em seguida, a jojoba foi cultivada numa estufa exterior na Faculdade de Ciências da Universidade Rei Abdul-Aziz, em condições naturais de temperatura, humidade, luz e ritmo dia/noite, no período de janeiro a março de 2013. As sementes de jojoba foram cultivadas em vasos contendo 8 kg de solo misto, peneirado, com areia lavada com ácido e musgo de turfa (2:1 em volume). Os vasos foram irrigados com água da torneira até à germinação completa e à emergência das plântulas. Os vasos foram divididos em cinco grupos, seis vasos para cada concentração. Cinco plântulas por vaso foram deixadas a crescer em campo aberto a cerca de 40°c e a um potencial hídrico do solo próximo da capacidade de campo. A germinação das sementes de jojoba foi irrigada com água da torneira durante um mês e, em seguida, a planta foi processada seguindo as concentrações de salinidade (água da torneira (controlo), 25 50, 75 100%) correspondentes a (0, 8250, 17500, 26250 e 35000 Lis / cm) durante um mês e meio. Foram regadas com 5 concentrações de água do mar (0% (controlo), 25%; 50%; 75% e 100% de água do mar) juntamente com água da torneira. As percentagens de água do mar foram preparadas misturando água do mar com água da torneira fresca e não salina em diferentes proporções (v/v). A agricultura inclui duas fases em que as colheitas de plantas de cada vaso foram distribuídas aleatoriamente para efetuar as medições e os testes necessários.

3.2 Colheita e crescimento das plantas

No final da primeira fase da experiência (após quatro semanas de tratamentos), a área foliar, de acordo com **Sestak, *et al.* (1971)**, foi medida em cada vaso. O peso fresco e seco dos rebentos e das raízes das plantas foi registado em cada vaso, tendo sido também medidos os comprimentos dos rebentos e das raízes.

As plantas foram divididas em quatro partes para diferentes análises, da seguinte forma

1- A primeira parte para a estimativa da clorofila, da permeabilidade da membrana (fuga de solutos) e da fuga de metabolitos UV
2- A segunda parte para a determinação do teor de água, dos metabolitos solúveis e dos iões principais.
3- A terceira parte para a determinação da enzima.
4- A quarta parte da análise de proteínas.

3.3 Estimativa do teor de clorofila

As fracções de pigmentos (clorofila a, clorofila b e carotenóides) foram estimadas utilizando o método espetrofotométrico recomendado por **Lichtenthaler (1987)**. Os pigmentos fotossintéticos foram extraídos de uma amostra definitiva de folha fresca em 5 ml de álcool etílico a 95% a 60 °C, até ficarem incolores. Em seguida, o volume total foi completado para 10 ml com álcool etílico a 95% e as leituras de absorvância foram seguidas com um espetrofotómetro (Lambda 25 UV/ VIS). As concentrações de clorofilas e carotenóides foram calculadas como mg/g FW a 663, 644 e 452 nm, e as concentrações de chl.*a* e chl.*b* foram calculadas utilizando as equações simultâneas de (**Arnon, 1949).**

Equação 0

$$\text{Chl a} = (13.36 \times R(663)) - (5.19 \times R(644)).$$

$$\text{Chl b} = (27.49 \times R(644)) - (8.12 \times R(663)).$$

$$\text{Chl a} + \text{Chl b} = (5.24 \times R(663)) + (22.24 \times R\,(644)).$$

$$Carotenoids = \frac{((1000 \times R(452)) - (2.13chl\ a - 9.76\ chl\ b))}{209}$$

3.4 Permeabilidade da membrana (fuga de soluto) :

Os segmentos de folhas foram colocados em frascos com rolha contendo 10 ml de água desionizada e incubados a 25 °C num agitador rotativo (100 rpm). A condutividade eléctrica (CE) da solução de banho (Lt) foi determinada após 24 h. As amostras foram então autoclavadas a 120 °C durante 20 min e uma última leitura da condutividade (L0) foi obtida após o equilíbrio a 25 °C (712 conductometer. Metrhom). A fuga de eletrólito foi definida como Lt/L0 e expressa em percentagem. (**Blum e**

Ebercon, 1981).

CE = L_t / L_0

3.5 Fuga de metabolitos UV

A fuga de metabolitos absorventes de UV foi determinada de acordo com **Redmann *et al.*, (1986)**. As folhas de três plantas por tratamento foram colhidas após a imposição de stress e cortadas em segmentos de 1 cm. As amostras foram lavadas com três mudanças de água desionizada para remover electrólitos aderidos à superfície, de acordo com **Blum e Ebercon, (1981)** e depois foram incubadas na presença de 10 ml de água desionizada ou 100 mm (NaCl). Após 24 horas de incubação, foi retirada uma alíquota de 2±5 ml da solução de banho e a absorvância foi estimada espectrofotometricamente a 280 nm (A_{280}) num espetrofotómetro (Lambda 25 UV/ VIS). Esta alíquota de 2,5 ml foi então adicionada de novo à solução original e as amostras arrefecidas a -30 °C durante 4 h para quebrar as células. Após o descongelamento, registou-se uma medição final da absorvância (A'_{280}) e calculou-se o rácio de fuga relativo (RLR) do UVAS como

RLR=A_{280} / A280.

3.6 Sais solúveis totais (TSS%)

Existe uma relação linear entre a condutância eléctrica no extrato de água dos solos e a concentração de sais solúveis. A condutância eléctrica específica no extrato de solo preparado foi medida por meio de um medidor de condutância (Aqualytic, CD 20, Alemanha).

Os sais solúveis totais no solo foram estimados da seguinte forma

SST (%)= 0,064 x CE ms/cm x razão de extrato.

O fator de conversão em percentagem de sais (0,064) foi razoavelmente aplicado para soluções extraídas de solos alcalinos e salinos **(Richard, 1954;** ver também **Jackson, 1958).**

3.7 Determinação e análise dos parâmetros de crescimento

No final da experiência de cada fase, as plantas foram cuidadosamente lavadas com água da torneira para remover o substrato e o sal da superfície e depois enxugadas com papel absorvente. Os seguintes parâmetros de crescimento foram registados para as plantas em cada vaso: A altura dos brotos mais altos e da raiz, a área foliar, e o peso fresco (FW) e o peso seco (DW) dos tecidos acima do solo e abaixo do solo. Para as medições da área foliar, a silhueta de cada folha foi copiada num papel, que foi depois recortado e pesado. A relação entre a área e o peso do papel foi utilizada para calcular as áreas foliares. O peso seco foi obtido após secagem em estufa a 70°C durante 48 horas.

3.8 Teor relativo de água, metabolitos solúveis e composição mineral das plantas

a- Conteúdo de água da planta

As plantas frescas (três réplicas) foram separadas em rebentos e raízes. Os pesos frescos (FW) dos rebentos e das raízes foram registados. Em seguida, as amostras foram secas em estufa a 70 °C durante 48 horas, a fim de determinar o peso seco (MS).

Os teores de água (WC) foram calculados de acordo com **Yossif (1999)** pela seguinte fórmula:

$$WC = \frac{(\mathrm{FW} - \mathrm{DW})}{\mathrm{FW}} \times 100$$

b- Preparação de extractos de plantas:

A amostra seca em estufa foi triturada e reduzida a pó, de modo a passar num crivo de 60 malhas, e mantida num exsicador. Exatamente, 0,5 g de amostras em pó foram colocadas em tubos de ensaio e extraídas em 10 ml de ácido acético 0,1 M por aquecimento a 90 °C num banho de água durante duas horas. Os tubos foram agitados de 5 em 5 minutos durante o aquecimento.

A suspensão foi transferida quantitativamente para uma centrifugadora a 2000 r.p.m. durante 15 minutos. O sobrenadante foi então completado para 20 ml com água destilada. No extrato, foram efectuadas várias análises, incluindo as seguintes

c- Determinação dos metabolitos solúveis:

A análise dos hidratos de carbono solúveis e totais (como metabolitos do carbono), bem como da prolina e das proteínas solúveis (como metabolitos do azoto) foi efectuada no extrato aquoso. Estes compostos representam as principais fracções de metabolitos osmoticamente activos que podem contribuir para o ajustamento osmótico nas plantas. As proteínas solúveis, a prolina e os açúcares solúveis foram determinados de acordo com os procedimentos descritos por **Lowry *et al.*, (1951); Bates *et al.*, (1973) e Fales, 1951 e Schlegel, (1956),** respetivamente. O conteúdo de cada metabolito nas plantas experimentais é expresso em mg/g de peso fresco.

3.9 Determinação dos hidratos de carbono solúveis e totais

Para a determinação dos hidratos de carbono, utilizou-se o método do ácido antronesulfúrico **(Fales, 1951 e Schlegel, 1956)**. Foi efectuada uma curva de calibração com glucose pura.

3.9.1 Reagente de ácido antrónico-sulfúrico

Misturar 0,2 g de antrona, 30 ml de água destilada, 8 ml de álcool etílico absoluto e 100 ml de H2SO4 concentrado (D=1,84) num erlenmeyer, sob arrefecimento contínuo num banho de gelo. Este reagente deve ser sempre preparado de fresco.

3.8.1 Preparação da amostra

a- Açúcares solúveis

O tecido seco (50 mg) foi extraído com 5 ml de água destilada num banho de água a ferver durante 2 horas, depois centrifugado e completado até ao volume definitivo.

b- Hidratos de carbono totais

As amostras de tecido em pó (50 mg) foram misturadas com 10 ml de HCl (2N para as raízes e 4 N para os rebentos) em tubos de ensaio, aquecidos num banho de água a ferver durante 1 hora. Finalmente, esta solução foi arrefecida, filtrada e completada a 10 ml com água destilada.

3.8.2 Procedimento

O extrato da amostra (0,1 ml) e 4,5 ml de reagente de antrona foram bem misturados e fervidos em banho-maria durante 7 minutos, após o que foram arrefecidos diretamente sob água da torneira. A absorvância da cor verde-azul desenvolvida foi determinada a 620 nm contra um branco contendo apenas água e reagente de antrona.

3.10 Determinação da prolina

O teor de prolina livre foi determinado de acordo com **Bates *et al.*, (1973).**

As amostras de rebentos e raízes (0,1 g de rebentos e 0,1 g de raízes de jojoba) foram homogeneizadas em ácido sulfossalicílico a 3% e, em seguida, filtradas através de papel de filtro. Após adição de ninidrina ácida e ácido acético glacial, a mistura resultante foi aquecida a 100 °C durante 1 h num banho de água. A reação foi então interrompida com um banho de gelo. A mistura foi extraída com tolueno e misturada vigorosamente. O cromóforo contendo tolueno foi aspirado da fase aquosa e a absorvância foi medida a 520 nm. A concentração de prolina foi determinada utilizando a curva de calibração e expressa em mg/g DW.

3.11 Determinação de iões solúveis em água em extractos de plantas:

O extrato foi analisado quanto ao teor de iões (Na^+, K^+, Ca^{2+}, Mg^{2+} e Cl^-):

a- Sódio e potássio (Na^+ & K^+):

Para a determinação do sódio e do potássio, utilizou-se a fotometria de emissão de chama, de acordo com Williams **e Twine (1960)** , que é considerado um método rápido e sensível.

b- Cálcio e magnésio (Ca^{2+}& Mg^{2+}):

O cálcio e o magnésio foram determinados por absorção atómica (ICP optima 8000).

c- Cloretos (Cl^-):

Os cloretos foram determinados pelo método de titulação com nitrato de prata ($AgNO_3$), tal como descrito por **Johnson e Ulrich, (1950)**.

A concentração de cada ião nas plantas foi expressa em mg/L de peso seco.

3.12 Determinação da enzima.

As plantas foram colhidas, as folhas foram imediatamente congeladas em azoto líquido e armazenadas a -80 °C para algumas análises enzimáticas.

3.12.1 Preparação do extrato enzimático e ensaio da atividade enzimática

Os tecidos das folhas (0,5 g) foram triturados até se tornarem um pó fino em N2 líquido e, em seguida, homogeneizados em 5 ml de tampão fosfato de potássio 100 mM (pH 7,8) contendo 0,1 Mm de ácido etilenodiaminotetracético (EDTA) e 0,1 g de polivinilpirrolidona (PVP). O homogenato foi centrifugado a 18000 rpm durante 10 min. a 4 °C e os sobrenadantes foram recolhidos e utilizados para os ensaios da catalase, ascorbato peroxidase, guaiacol peroxidase, superóxido dismutase e fenilalanina amónia-liase. Todas as medições colorimétricas (incluindo as actividades enzimáticas) foram efectuadas a 20 °C utilizando um espetrofotómetro Unico UV-2100. A atividade específica foi expressa em unidades/mg de proteína. As concentrações de proteínas no extrato enzimático foram determinadas pelo método de **Lowery *et al.* (1951),** utilizando albumina de soro bovino (BSA) como curva padrão.

a- **Guaiacol peroxidase (EC 1.11.1.7)**

A atividade da peroxidase de guaiacol (POD) foi medida espectrofotometricamente seguindo o método de **Tatiana *et al.*, (1999)** com algumas modificações. A reação foi realizada com uma mistura (3 ml) constituída por fosfato de potássio 30 mM (pH 7), H2O2 6,5 mM e guaiacol 1,5 mM. A reação foi iniciada com a adição de 100 pl de extrato enzimático. A formação de tetra guaiacol foi medida a 470 nm.

b- Catalase (EC 1.11.1.6)

A atividade da catalase (CAT) foi avaliada seguindo o consumo de H2O2 durante 1 min. **(Aebi, 1984).** O meio de reação (4 ml de volume) continha tampão fosfato de potássio 50 mM (pH 7), 100 pl de H2O2 10 mM e 100 pl de extrato de enzima. A alteração da absorvância a 240 nm foi determinada para calcular a atividade específica.

Na segunda fase da experiência (seis semanas a partir do início da experimentação), foram efectuadas as mesmas análises.

3.13 Isolamento e fracionamento de proteínas

Cinco g de folhas frescas de cada planta foram imediatamente mantidas congeladas em azoto líquido e trituradas com 10 ml de tampão de extração (reagente 1; 2 ml/g de tecido; ver abaixo) para a eletroforese em gel de proteínas. O extrato bruto foi centrifugado a 9.000 rpm durante 20 minutos a 4 °C. Um ml do sobrenadante foi armazenado a 4 °C para a desternação das proteínas solúveis totais. O resto do sobrenadante foi concentrado por Centerfugal para fracionamento e separação de proteínas.

Tampões, reagentes e soluções preparadas para a análise de proteínas

Preparação de SDS-PAGEs: (Laemmli, 1970)

Tampões de extração:

Tampão de stock:

Dissolver 6,35 gmTris-HCl e 1,18 gmTris-base em 100 ml de água desionizada e destilada.

Tampão de extração:

Tomar 5 ml (tampão de reserva) + 29 ml de água destilada desionizada + 4 ml de glicerol + 2 ml de mercaptoehanol + 0,03 g de Ditiotretol (DTT).

SDS 10%:

Adicionar 0,1 g de SDS a 1 ml de tampão de extração.

Tampões de gel:

Tampão pH 8,8:

Dissolver 3,69 g de Tris-HCl e 15,39 g de Tris-base em 100 ml de água destilada e desionizada.

Tampão pH 6,8:

Dissolver 7,88 g de Tris-HCl e 0,25 g de Tris-base em 100 ml de água desionizada destilada.

SDS 10%:

Dissolver 1 g de SDS em 10 ml de água destilada e desionizada.

Persulfato de amónio 1,5%:

Dissolver 0,15 g de persulfato de amónio em 10 ml de água destilada e desionizada.

Solução de acrilamida:

Dissolver 29,2 g de acrilamida e 0,8 g de bisacrilamida em 100 ml de água destilada e desionizada.

Gel de separação

Este gel foi preparado misturando as seguintes soluções:

20 ml de solução de acrilamida

15 ml de tampão pH 8,8

3 ml de solução de persulfato de amónio

600 pl de solução SDS

22 ml de água destilada desionizada

30 pl TEMED

Gel de fixação

Este gel foi preparado misturando as seguintes soluções:

3,5 ml de solução de acrilamida

7,5 ml de tampão pH 6,8

1,5 ml de solução de persulfato de amónio

400 |il de solução SDS

17,8 ml de água destilada desionizada

30 |il TEMED

Tampão de corrida:

Dissolver 6 g de Tris-base, 28,8 g de glicina e 2 g de SDS em 800 ml de água destilada desionizada, pH: 8,3, completando o volume para 2000 ml com água desionizada desionizada.

Coloração de proteínas com azul de Coomassie:

O gel foi colocado na solução de coloração durante 1 a 2 horas. Em seguida, foi colocado na solução de descoloração até ao aparecimento de bandas.

Solução de manchas:

Dissolver 1-2 g de azul de Coomassie em 1 L de solução de desesterilização.

Solução de destino ou de resolução:

Misturar 400 ml de metanol + 100 ml de ácido acético + 500 ml de água destilada desionizada para obter 1 litro de solução de descoloração.

Preparação da placa de gel:

Para a preparação de géis de poliacrilamida verticais, duas placas de vidro (16,3 x 14,3) pertencentes ao conjunto de eletroforese foram bem limpas com álcool etílico. Estas duas placas foram recolhidas e fixadas na posição vertical para preparar o gel entre elas. A solução de gel de separação foi preparada e vertida imediatamente entre as placas de vidro fixas da unidade de eletroforese; enchendo até ao nível desejado (cerca de 13 cm de altura). De seguida, verteu-se cuidadosamente cerca de 1 ml de água para cobrir o gel de separação

solução. Deixar o gel em repouso durante pelo menos duas horas. A água foi cuidadosamente removida e o pente da célula foi colocado na sua posição correta entre as duas placas. O gel de fixação foi preparado e vertido entre as placas da célula até a solução entrar em contacto com a base do pente. O tempo de polimerização do gel de fixação foi de, pelo menos, uma hora antes da sua utilização.

Eletroforese:

Foram colocados em cada poço dez volumes de extrato de proteínas misturados com um volume de solução de azul de bromofenol (0,5 ml de glicerina, 0,5 ml de água de distribuição e um pequeno fragmento de azul de bromofenol). Em seguida, os poços foram cuidadosamente preenchidos com tampão de eletroforese. A unidade de eletroforese foi montada e ligada à fonte de alimentação. A eletroforese foi efectuada durante a noite (10 mA/gel). A corrida foi continuada até o marcador azul de bromofenol atingir o último centímetro do fundo da placa. O gel foi transferido para um tabuleiro com a solução de coloração adequada (azul de Coomassie).

3.14 Análise estatística

Todos os dados obtidos foram submetidos a uma análise de variância (ANOVA) one-way, utilizando o pacote estatístico SPSS. Para comparação das médias, foram utilizados os testes de intervalo múltiplo de Duncan ($p < 0,05$). Cada tratamento foi analisado com pelo menos três réplicas e foi calculado um desvio padrão (DP); os dados são expressos em média ± DP de três réplicas.**(Anon, 1993)**

Capítulo 4

Resultados

4.1 Efeito do tratamento na área foliar:

Os dados registados no Quadro (4.1) mostraram claramente uma diminuição da área foliar de *Simmondisia chinensis* por tratamento com concentração de água do mar acima de 25% em comparação com o controlo. Após quatro semanas, a menor área alcançada (0,047 cm^2) foi na concentração de 100%, enquanto a concentração de 25% de água do mar causou um aumento da área foliar que atingiu (0,107 cm^2).

Foram observados resultados semelhantes após seis semanas. Houve uma diminuição gradual da área foliar da jojoba após o tratamento com concentrações de água do mar superiores a 25% em comparação com o controlo. A área mais pequena registada neste caso foi na concentração de 75% que atingiu (0,05 cm^2) , enquanto a área maior da folha foi notada na concentração de 25% que atingiu (0,09 cm^2) . Nesta experiência, a planta morreu na concentração de 100%.

4.2 Efeito do tratamento no peso fresco:

Os dados nas Tabelas (4.1 & 4.2) de rebentos e raízes de *Simmondisia chinensis* revelaram que a irrigação de plantas com concentrações de água do mar acima de 25% causou uma diminuição gradual do peso fresco em comparação com o controlo. O valor mais alto de declínio na concentração de 100% foi (2.45 gm) no rebento e foi (1.13gm) na raiz, enquanto que o maior aumento foi na concentração de 25% que atingiu (15.59 gm) no rebento e (3.18 gm) na raiz.

Depois de seis semanas, os dados nas Tabelas (4.1 & 4.2) do rebento e da raiz da jojoba indicaram que houve uma diminuição do peso fresco pelo tratamento com concentrações de água do mar acima de 25% em comparação com o controlo. O valor mais alto de declínio foi observado na concentração de 75% foi (3.05 gm) no rebento e (1.26 gm) na raiz, enquanto o maior aumento foi na concentração de 25% que atingiu (14.96 gm) no rebento e (1.26 gm) na raiz .

4.3 Efeito do tratamento no peso seco:

Os dados nas Tabelas (4.1 & 4.2) mostraram uma diminuição no peso seco da jojoba pelo tratamento com concentrações de água do mar acima de 25% em comparação com o controlo após quatro e seis semanas. O valor mais baixo do peso seco foi registado na concentração de 100% que atingiu (1,27 gm) no rebento e (0,51 gm) na raiz após quatro semanas e (1,18 gm) no rebento e (0,62 gm) na raiz após seis semanas.

O valor mais alto foi na concentração de 25% que atingiu (4,49 gm) no rebento e (1,17 gm) na raiz após quatro semanas, enquanto que após seis semanas o valor mais alto de peso seco foi (4,07 gm) no rebento e (1,00 gm) na raiz.

4.4 Efeito dos tratamentos no comprimento:

Os dados representados no quadro (4.1 e 4.2) indicam que houve uma diminuição gradual do comprimento da *Simmondisia chinensis* ao ser tratada com concentrações de água do mar em comparação com o controlo após quatro semanas. A maior escassez foi observada na concentração de 100% (21,03 cm) na parte aérea e (11,28 cm) na raiz, enquanto o maior comprimento foi observado na concentração de 25% (29,78 cm) na parte aérea e (20,62 cm) na raiz.

Os dados nas mesmas tabelas mostraram que houve uma diminuição gradual nos comprimentos da jojoba por tratamento com concentrações de água do mar em comparação com o controlo após seis semanas e a maior escassez foi registada na concentração de 75% (18,17 cm) na parte aérea e (14,82 cm) na raiz, enquanto o maior comprimento foi registado na concentração de 25% (30,83 cm) na parte aérea e (21,75 cm) na raiz.

4.5 Efeito dos tratamentos nos teores de água (WC):

Os dados representados nos Quadros (4.1 e 4.2) indicam que houve uma clara diminuição da (CC) pelo tratamento com concentrações de água do mar acima de 25% em comparação com o controlo da *Simmondisia chinensis* . A percentagem mais baixa de (WC) foi observada na concentração de 100% (47,99 %) no rebento e (55,04%) na raiz, enquanto a percentagem mais elevada no rebento foi registada na concentração de 25%, atingiu (71,24 %) e (63,04 %) na raiz.

Os resultados após seis semanas, os dados representaram um decréscimo gradual de (WC) pelo tratamento com concentrações de água do mar de jojoba. Os resultados registaram a percentagem mais baixa de (WC) na concentração de 75% foi (61,16%) no rebento e (51,20%) na raiz, enquanto a percentagem mais alta no rebento foi observada na concentração de 25%, atingiu (72,79%) e (64,22%) na raiz.

4.6 Efeito dos tratamentos nos teores de clorofila:

Os resultados da Tabela (4.3) mostraram que o efeito de diferentes concentrações de água do mar no tratamento de Chl.a, Chl.b, Chl.a/b e carotenóides das folhas de *Simmondisia chinensis* após quatro e seis semanas.

Chl.a , Chl.b , Chl.a/b e carotenóides foram reduzidos em todas as concentrações de tratamentos acima de 25% em comparação com o controlo. Os valores mais elevados de chl.a , chl.b , chl.a/b e carotenóides registaram 6,63 mg , 2,09 mg , 8,71 mg e 3,71mg / g FW respetivamente na concentração de água do mar de 25% . A concentração de 100 % induziu a inibição de Chl.a , Chl.b , Chl.a/b e carotenóides atingindo 5,06 mg , 1,63 mg , 6,16 mg e 2,01 mg /g FW, respetivamente.

Após seis semanas, Chl.a , Chl.b , Chl.a/b e carotenóides diminuíram em todas as concentrações de tratamentos, em comparação com o controlo. Os valores mais elevados de Chl.a , Chl.b , Chl.a/b e carotenóides registaram 5,31 mg , 2,03 mg , 7,32 mg e 2,97mg / g FW respetivamente na concentração de água do mar 25% . A concentração de 75 % induziu a inibição de Chl.a , Chl.b , Chl.a/b e carotenóides atingindo 3,12 mg , 1,21 mg , 4,32 mg e 1,46 mg/g FW, respetivamente.

Tabela : 4.1 Valores médios e ±SE para a área foliar, peso fresco, peso seco, comprimento e conteúdo de água (WC) dos rebentos da planta *S. chinensis* em diferentes concentrações de água do mar após quatro e seis semanas, as diferentes camas são significativamente diferentes a *P<0,05*.

	Concentrações de água do mar	Área foliar (cm^2)	Peso fresco (gm)	Peso seco (gm)	Comprimento (cm)	WC (%)
4 semanas	Controlo	0.097 ± 0,012 bc	12.92 ± 0.42 b	4.11 ± 0.10 b	26,80 ± 1,05 bc	68.15 ± 0.33 d
	25%	0.107 ± 0.007 c	15.59 ± 0.39 c	4.49 ± 0.21 c	29.78 ± 1.55 c	71.24 ± 0.78 e
	50%	0.083 ± 0,015 bc	3,25 ± 0,05 a	1.16 ± 0.04 a	24.55 ± 0.81 b	64.29 ± 0.67 c
	75%	0.070 ± 0,010 ab	3.12 ± 0.07 a	1.29 ± 0.02 a	23,95 ± 0,30 ab	58.62 ± 0.95 b
	100%	0.047 ± 0.003 a	2.45 ± 0.23 a	1.27 ± 0.11 a	21.03 ± 0.62 a	47.99 ± 1.52 a
	Valor F	**5.402***	**504.4****	**217.9****	**11.556****	**95.571****
6 semanas	Controlo	0.08 ± 0,003ab	13.38 ± 0.28c	4.26 ± 0.04d	27.63 ± 0.68c	68.15 ± 0.41c
	25%	0.09 ± 0.01b	14.96 ± 0,23d	4.07 ± 0.03c	30.83 ± 0.35d	72.79 ± 0.27d
	50%	0.06 ± 0,01ab	6,03 ± 0,13b	2.17 ± 0.04b	24.37 ± 0.45b	63.99 ± 0.85b
	75%	0,05 ± 0,01a	3.05 ± 0.02a	1.18 ± 0.03a	18.17 ± 0.48a	61.16 ± 1.01a
	Valor F	**2,53ns**	**885.81****	**1581.88****	**114.56****	**51.54****

Tabela : 4.2Valores médios e± SE para peso fresco, peso seco, comprimento e conteúdo de água (WC) de raízes de plantas de *S. chinensis* em diferentes concentrações de água do mar após quatro e seis semanas, diferentes ninhadas são significativamente diferentes a *P<0,05*.

	Concentrações de água do mar	Peso fresco (gm)	Peso seco (gm)	Comprimento (cm)	WC (%)
4 semanas	Controlo 25% 50% 75% 100%	2.89 ± 0.05 d 3,18 ± 0,01 e 1,77 ± 0,04 c 1,63 ± 0,06 b 1,13 ± 0,01 a	1.12 ± 0.02 c 1.17 ± 0.02 c 0.70 ± 0.04 b 0.67 ± 0.05 b 0.51 ± 0.02 a	16.82±1.59 b 20.62±0.67 c 13.77±0.51 a 12.60±0.31 a 11.28±0.21 a	61,17±0,28 bc 63.04±0.44 c 60,44±1,51 bc 59.00±1.36 b 55.04±0.87 a
	Valor F	**470.8****	**91.95****	**20.783****	**8.696****
6 semanas	Controlo 25% 50% 75%	2.84 ± 0.04c 2.80 ± 0.03c 1.45 ± 0.02b 1.26 ± 0.01a	1.12 ± 0.04c 1.00 ± 0.02c 0.65 ± 0.02b 0.62 ± 0.01a	19,42 ± 1,47bc 21.75 ± 0.88c 17,88 ± 1,20ab 14.82 ± 0.38a	60.47 ± 0.34c 64.22 ± 0.33d 55.41 ± 1.16b 51.20 ± 0.83a
	Valor F	**851.54****	**100.34****	**7.47***	**45.61****

Tabela: 4.3 Valores médios e ±SE para a concentração de clorofila (a,b e a/b) e carotenóides expressos em (mg g^{-1} de peso fresco) de *S. chinensis* planta em diferentes concentrações de água do mar após quatro e seis semanas, diferentes ninhadas são significativamente diferentes a *P<0,05*.

	Concentrações de água do mar	Chl. a (mg/g de peso fresco)	Chl. b (mg/g de peso fresco)	Chl. a/b (mg/g de peso fresco)	Carotenóides (mg/g de peso fresco)
4Semanas	**Controlo**	7.95 ± 0.70 a	3.16 ± 0.32 a	11.08 ± 1.50 b	3.62 ± 0.45 b
	25%	6.63 ± 0.31 a	2.09 ± 0.16 a	8,71 ± 0,17 ab	3.71 ± 0.18 b
	50%	6.23 ± 0.12 a	2.26 ± 0.45 a	7.48 ± 1.21 a	2.31 ± 0.15 a
	75%	5.77 ± 0.89 a	2.40 ± 0.57 a	6.46 ± 0.63 a	2.10 ± 0.16 a
	100%	5.06 ± 0.85 a	1.63 ± 0.13 a	6.16 ± 0.22 a	2.01 ± 0.28 a
	Valor F	**1,498 ns**	**0,466 ns**	**4.286***	**9.745****
6 semanas	**Controlo**	6.01 ± 1.23b	3.19 ± 1.03a	9.18 ± 0.99b	3.15 ± 0.15b
	25%	5,31 ± 0,29ab	2.03 ± 0.78a	7.32 ± 0.68b	2.97 ± 0.14b
	50%	3.41 ± 0.52a	1.54 ± 0.84a	4.94 ± 0.36a	1.73 ± 0.16a
	75%	3.12 ± 0.33a	1.21 ± 0.36a	4.32 ± 0.03a	1.46 ± 0.23a
	Valor F	**4.08***	**1,19ns**	**12.78****	**23.74****

4.7 Efeito da salinidade nos sais solúveis totais (TSS), na taxa de fuga relativa (RLR) e na condutividade eléctrica (CE):

A monitorização dos sais solúveis totais (SST), do rácio de fuga relativo (RLR) e da condutividade eléctrica (CE) dos tratamentos com salinidade foram mostrados na Tabela (4.4), tendo este parâmetro aumentado com o aumento da salinidade da água do mar em todas as concentrações, em comparação com o controlo, cujo valor mais elevado foi atingido a 100% (0.077 ms/cm , 0.35 % e 1.14 gs / cm) , respetivamente no rebento de *Simmondisia chinensis* e (0.06 ms / cm , 0.55 % e 0.91 gs / cm) na raiz , respetivamente. Enquanto que o valor mais baixo foi a 25%, atingindo (0.023ms/cm , 0.13% e 0.36gs / cm) , respetivamente no rebento e (0.047 ms / cm , 0.16% e 0.71 gs / cm) na raiz , respetivamente.

Após seis semanas, os resultados dos sais solúveis totais (TSS), da taxa de fuga relativa (RLR) e da condutividade eléctrica (CE) do tratamento com salinidade são apresentados na Tabela (4.4), o aumento deste parâmetro com o aumento da salinidade da água do mar em todas as concentrações, em comparação com o controlo, o valor mais elevado foi a 75%, atingindo (0,04 ms/cm, 0,22% e 0,66 gs/cm), respetivamente, no rebento de *Simmondisia chinensis* e (0,06 ms/cm, 0,51% e 0,89 gs/cm) na raiz, respetivamente. Enquanto que o valor mais baixo foi a 25%, atingindo (0,02ms/cm, 0,09% e 0,35gs / cm), respetivamente no rebento e (0,04 ms / cm, 0,24% e 0,63gs / cm) na raiz, respetivamente.

4.8 Efeito da salinidade nos hidratos de carbono:

4.8.1 Hidratos de carbono solúveis:

Os resultados dos hidratos de carbono solúveis são descritos no Quadro (4.5). Verificou-se uma clara evidência de aumento da acumulação de hidratos de carbono de *Simmondisia chinensisas* em todas as concentrações em comparação com o controlo. O teor de hidratos de carbono solúveis na planta em estudo registou o maior aumento na concentração de água do mar a 100%, atingindo 2,41 mg g^{-1} e a menor concentração a 25%, atingindo 1,25 mg g^{-1}.

Tabela: 4.4 Valores médios e ±SE para a concentração de sais solúveis totais (SST), razão de fuga relativa (RLR) e condutividade eléctrica (CE) , em rebentos e raízes da planta *S. chinensis* em diferentes concentrações de água do mar após quatro e seis semanas, as diferentes camas são significativamente diferentes em *P<0.05*.

	Concentrações de água do mar	TSS (ms / cm)		RLR (%)		CE (gs / cm)	
		Atirar	Raiz	Atirar	Raiz	Atirar	Raiz
4 semanas	Controlo	0.020 ± 0.003 a	0.02 ± 0.003 a	0.11 ± 0.02 a	0.16 ± 0.03 a	0.29 ± 0.16 a	0.32 ± 0.018 a
	25%	0.023 ± 0.009 a	0.047 ± 0.003 b	0.13 ± 0.03 a	0.16 ± 0.05 a	0.36 ± 0.10 a	0.71 ± 0.01 b
	50%	0.053 ± 0.003 b	0.047 ± 0.003 b	0,18 ± 0,05 ab	0,30 ± 0,00 ab	0.79 ± 0.06 b	0.77 ± 0.06 b
	75%	0.053 ± 0.003 b	0,053 ± 0,003 bc	0,27 ± 0,01 bc	0,32 ± 0,04 ab	0.86 ± 0.03 b	0.81 ± 0.03 c
	100%	0.077 ± 0.017 b	0.06 ± 0.0057 c	0.35 ± 0.01 c	0.55 ± 0.09 b	1.14 ± 0.25 b	0.91 ± 0.54 c
	Valor F	7.39**	17.3**	6.602**	3,078 ns	7.89**	32.4**
6 semanas	Controlo	0.02 ± 0.003a	0.02 ± 0.003a	0.07 ± 0.01a	0.15 ± 0.01a	0.32 ± 0.05a	0.39 ± 0.03a
	25%	0.02 ± 0.01a	0.04 ± 0.01b	0.09 ± 0.02a	0.24 ± 0.04a	0.35 ± 0.09b	0.63 ± 0.08b
	50%	0.04 ± 0.003b	0.06 ± 0.003c	0.19 ± 0.01b	0.32 ± 0.02a	0.61 ± 0.05b	0.87 ± 0.01c
	75%	0.04 ± 0.003b	0.06 ± 0.003c	0.22 ± 0.03b	0.51 ± 0.11b	0.66 ± 0.05b	0.89 ± 0.02c
	Valor F	7.27*	15.28**	15.80**	6.84*	7.76*	31.97**

Também na Tabela (4.5), após seis semanas, os nossos resultados mostraram um aumento da acumulação de hidratos de carbono com o aumento da água do mar. O teor de hidratos de carbono solúveis na planta em estudo registou o maior aumento na concentração de água do mar a 75%, que atingiu 1,39 mg g^{-1} e a menor concentração a 25%, que atingiu 0,59 mg g^{-1}.

4.8.2 Hidratos de carbono totais:

Os dados apresentados na tabela (4.5) indicam claramente que os hidratos de carbono totais aumentaram com o aumento da salinidade das concentrações de água do mar em comparação com o controlo após quatro e seis semanas. O conteúdo de hidratos de carbono totais na planta em estudo registou o maior aumento percentual na concentração de 100% (25,27 mg g^{-1}), e a menor concentração foi a 25% (22,15 mg g^{-1}) após quatro semanas. Após seis semanas, a maior percentagem de aumento de hidratos de carbono totais registou-se na concentração de 75% (23,70 mg $g^{(-1)}$)), e a menor concentração foi de 25% (25,96 mg g^{-1}).

4.8.3 Hidratos de carbono não solúveis:

Os dados registados na tabela (4.5) indicaram que os hidratos de carbono não solúveis aumentaram na jojoba em resposta ao aumento das concentrações de salinidade. Neste caso, a água do mar a 100% causou um aumento muito elevado de açúcares não solúveis de (22,86 mg g^{-1}) após quatro semanas. Enquanto que após seis semanas, o tratamento com 75% de concentração de água do mar causou um aumento mais elevado de cerca de (24,57 mg g^{-1}) , sendo que as plantas morreram a 100%.

4.9 Efeito sobre a prolina:

Os resultados na Tabela (4.5) mostraram que houve um aumento claro nos rebentos e raízes de *Simmondisia chinensis por* tratamento com concentrações de água do mar. Houve um aumento gradual das plantas em comparação com o controlo. Os valores mais elevados foram registados na concentração de 100% (1,36 mg / g FW) nos rebentos e 0,23 mg / g FW na raiz, enquanto os valores mais baixos foram registados na concentração de

Tabela: 4.5 Valores médios e ±SE de hidratos de carbono solúveis, hidratos de carbono não solúveis e hidratos de carbono totais, (mg g^{-1} peso seco) e prolina (mg mg / g peso fresco) de plantas *S. chinensis* crescimento em diferentes concentrações de água do mar após quatro e seis semanas. As diferentes ninhadas são significativamente diferentes a *P<0,05*.

	Concentrações de água do mar	Hidratos de carbono solúveis (mg g^{-1}) peso seco.	Hidratos de carbono totais (mg g^{-1}) peso seco.	Hidratos de carbono não solúveis (mg g^{-1}) peso seco.	Prolina (mg / g de peso fresco)	
					Atirar	Raiz
4 semanas	Controlo	0.83 ± 0.02 a	18.32 ± 0.01 a	17.49 ± 0.03 a	0.68 ± 0.01 a	0.077±0.018 a
	25%	1.25 ± 0.02 b	22.15 ± 1.57 b	20.91 ± 1.58 b	0.94 ± 0.02 b	0.117±0.015 a
	50%	1.56 ± 0.01 c	22.70 ± 0.29 b	21.14 ± 0.30 b	1.04 ± 0.01 b	0,133±0,015 ab
	75%	2.00 ± 0.02 d	24,54 ± 0,26 bc	22.54 ± 0.28 b	1.31 ± 0.09 c	0,190±0,015 bc
	100%	2.41 ± 0.17 e	25.27 ± 0.34 c	22.86 ± 0.28 b	1.36 ± 0.04 c	0.237±0.015 c
	Valor F	**61.674****	**13.617****	**8.283****	**39.940****	**9.400****
6 semanas	Controlo	0.55 ± 0.03a	21.25 ± 0.37a	20.71 ± 0.39a	0.92 ± 0.02a	0.07 ± 0.003a
	25%	0.59 ± 0.03a	23.70 ± 0.06b	23.12 ± 0.05b	1.13 ± 0.02b	0.11 ± 0.03a
	50%	1.05 ± 0.01b	24.14 ± 0.30b	23.09 ± 0.30b	1.30 ± 0.06c	0.22 ± 0.02b
	75%	1.39 ± 0.02c	25.96 ± 0.30c	24.57 ± 0.32c	1.39 ± 0.01c	0.41 ± 0.03c
	Valor F	301.18**	46.65**	28.92**	41.34**	53.78**

foi de 0,94 mg / g FW no rebento e 0,11 mg / g FW na raiz após quatro semanas.

Além disso, após seis semanas, os resultados mostraram que houve um claro aumento nos rebentos e nas raízes da jojoba pelo tratamento com concentrações de água do mar em comparação com o controlo. Os valores mais elevados na concentração de 75% (1,39 mg / g FW) na parte aérea e (0,41 mg / g FW) na raiz, enquanto os valores mais baixos foram alcançados em concentrações de 25% (1,13 mg / g FW) na parte aérea e (0,11 mg / g FW) na raiz.

4.10 Efeito no teor de elementos minerais:

Os resultados obtidos indicaram que Ca^{2+}, K^+ e Mg^{2+} foram influenciados pela utilização de diferentes níveis de salinidade da água do mar (Tabela 4.6) em rebentos e raízes de plantas *de simmondisia chinensis*. Os dados revelaram que houve uma diminuição gradual do teor de elementos com o aumento da salinidade em comparação com o controlo. O valor mais alto de Ca^{2+}, K^+ e Mg^{2+} foi em concentrações de 25% no rebento (9,83g/L, 16,98 g/L e 5,80 g/L) na raiz, respetivamente. O valor mais alto de Ca^{2+}, K^+ e Mg^{2+} foi em concentrações de 25% na raiz (4,42 g/L , 7,77 g/L e 3,44 g/L), respetivamente, enquanto que o valor mais baixo de Ca^{2+} , K^+ e Mg^{2+} foi em concentrações de 100% na parte aérea (3,16 g/L , 13,22 g/L e 2,48 g/L), respetivamente. Os valores mais baixos de Ca^{2+}, K^+ e Mg^{2+} estavam em concentrações de 100% na raiz (1,81g/L, 2,36 g/L e 0,38 g/L), respetivamente.

Os dados da Tabela (4.7) indicaram que Na^+ e Cl^- também foram influenciados pelo aumento da concentração de salinidade, aumentando gradualmente o conteúdo de Na^+ e Cl^- em rebentos e raízes de *simmondisia chinensis*. O valor mais alto nas concentrações de 100% nos rebentos (63,30 g/L e 0,00109 mg/L) e (45,21 g/L e 0,00074 mg/L) nas raízes, respetivamente, enquanto que o valor mais baixo nas concentrações de 25% nos rebentos (31,49 g/L e 0,00058 mg/L) e (13,69 g/L e 0,00040mg/L) nas raízes, respetivamente, em comparação com o controlo.

Seis semanas mais tarde, verificámos que os resultados são semelhantes aos das quatro semanas anteriores, uma vez que a concentração de elementos diminui com o aumento da salinidade em comparação com o controlo em rebentos e raízes de *simmondisia chinensis* no Quadro (4.6). O valor mais elevado de Ca^{2+}, K^+ e Mg^{2+} em concentrações de 25% em rebentos (5,72 g/L, 12,85 g/L e 5,76 g/L), respetivamente. O valor mais elevado de Ca^{2+}, K^{+} e Mg^{2+} em concentrações de 25% na raiz (5,71 g/L, 7,74 g/L e 4,01g/L), respetivamente. O valor mais baixo de Ca^{2+}, K^{+} e Mg^{2+} em concentrações de 75% em rebentos (3.50 g/L, 10.76 g/L e 2.96 g/L), respetivamente. O valor mais baixo de Ca^{2+}, K^{+} e Mg^{2+} em concentrações de 100% na raiz (1,77 g/L, 2,22 g/L e 0,35 g/L), respetivamente.

Os dados da Tabela (4.7) indicam que Na^{+} e Cl^{-} também são influenciados pelo aumento da concentração de salinidade, aumentando gradualmente o conteúdo de Na^{+} e Cl^{-} nos rebentos e raízes de *Simmondisia chinensis*. O valor mais elevado nas concentrações de 75% em rebentos (54,04 g/L e 0,001 mg/L) e (42,89 g/L e 0,0006 mg/L) em raízes, respetivamente. Enquanto que, o valor mais baixo nas concentrações de 25% nos rebentos (40,30 g/L e 0,0007 mg/L) e (28,99 g/L e 0,0004mg/L) nas raízes, respetivamente, em comparação com o controlo.

4.11 Efeito dos tratamentos na atividade enzimática:

a. Atividade da catalase:

A atividade da catalase foi aumentada na concentração de 25% e 75% (0,0033 e 0,0024) m mol / mg de proteína / 1 min, respetivamente, utilizando a salinidade da água do mar, enquanto que a diminuição no nível de salinidade de 50% e 100% (0,0011 e 0,0014) m mol / mg de proteína / min. Foi comparado com o controlo no rebento de *Simmondisia chinensis* , respetivamente (Tabela , 4.8).

Os dados após seis semanas na Tabela (4.8) mostraram que a atividade da catalase foi aumentada na concentração de 25% e 75% atingindo (0.003) m mol / mg proteína / min usando a salinidade da água do mar enquanto que, declínio na concentração de 50% (0.001) m mol / mg proteína / min quando comparado com o controlo no rebento.

Tabela: 4.6 Valores médios e± SE de iões (Ca^{2+}, K^{+} e Mg^{2+}), expressos em (g L^{-1}) em rebentos e raízes de plantas de *S. chinensis* crescidas em diferentes concentrações de água do mar após quatro e seis semanas, diferentes ninhadas são significativamente. Diferentes a *P<0,05*.

	Concentrações de água do mar	Cálcio (g L^{-1})		Potássio (g L^{-1})		Magnésio (g L^{-1})	
		Atirar	Raiz	Atirar	Raiz	Atirar	Raiz
4 semanas	Controlo	7.60 ± 0.13 e	6.71 ± 0.1 e	17.30 ±0.06e	8.30± 0.06 e	6.33 ± 0.09 e	6.57 ± 0.03 e
	25%	9.83 ± 0.08 d	4.42 ± 0.08 d	16.98 ± 0.29 d	7.77 ± 0.04 d	5.80 ± 0.06 d	3.44 ± 0.03 d
	50%	4.79 ± 0.07 c	3.64 ± 0.31 c	15.88 ± 0.29 c	6.06 ± 0.06 c	5.63 ± 0.07 c	2.23 ± 0.03 c
	75%	4.56 ± 0.07 b	2.39 ± 0.06 b	14.88 ±0.29 b	4.66 ± 0.09 b	4.42 ±0.12 b	0.49 ± 0.00 b
	100%	3.16 ± 0.07 a	1.81 ± 0.08 a	13.22 ± 0.29 a	2.36 ±0.23 a	2.48 ± 0.08 a	0.38 ± 0.00 a
	Valor F	**3744.651****	**1267.244****	**409.844****	**2492.484****	**3130.251****	**2392.484****
6 semanas	Controlo	6.83 ± 0.08 d	6.04 ± 0.06 d	14.80 ± 0.20 d	8.53± 0.07 d	5.82 ± 0.12 d	5.26 ± 0.06 d
	25%	5.72 ± 0.05 c	5.71 ± 0.04 c	12.85 ± 0.30 c	7.74 ± 0.09 c	5.76 ± 0.19 c	4.01 ± 0.06 c
	50%	5.64 ± 0.07 b	2.44 ± 0.07 b	11.58 ± 0.14b	3.19 ± 0.04 b	4.79 ± 0.15 b	1.57 ± 0.06 b
	75%	3.50 ± 0.08 a	1.77 ± 0.10 a	10.76 ±0.29 a	2.22 ± 0.10 a	2.96 ± 0.21 a	0.35 ± 0.01 a
	Valor F	320.103**	5.515**	522.051**	317.978**	2.514**	7.999**

Tabela: 4.7 Valores médios e ±SE de iões (Na^+), expressos em ($g\ L^{-1}$) e (Cl^-), expressos em Cloretos ($mg\ L^{-1}$) em rebentos e raízes da planta *S. chinensis* em diferentes concentrações de água do mar após quatro e seis semanas. Diferentes ninhadas são significativamente diferentes a *P<0,05*.

	Concentrações de água do mar	Sódio (g L^{-1})		Cloretos (mg L^{-1})	
		Atirar	Raiz	Atirar	Raiz
4 semanas	Controlo	10.02 ± 0.29 b	11.86 ±0.29 a	0.00014 ± 0.00005 a	0.00017 ± 0.00003 a
	25%	31.49 ± 0.32 b	13.69 ± 0.16 b	0.00058 ± 0.00003 b	0.00040 ± 0.00003 b
	50%	40.90 ± 0.31 c	26.23 ± 0.04 c	0.00082 ± 0.00005 c	0.00048 ± 0.00003 c
	75%	53.09 ±0.30 d	35.59 ± 0.16 d	0.00092 ± 0.00005 d	0.00060 ± 0.00005 d
	100%	63.30 ±0.30 e	45.21 ± 0.03 e	0.00109 ± 0.00003 e	0.00074 ± 0.00005 e
	Valor F	**44874.800****	**119812.54****	**437.955****	**189.056****
6 semanas	Controlo	31.30 ± 0.67 a	11.79 ± 0.64 a	0.0002 ± 0.00002a	0.0002 ± 0.00001a
	25%	40.30 ± 0.55 b	28.99 ± 0.38 b	0.0007 ± 0.00001b	0.0004 ± 0.00001b
	50%	42.59 ± 0.38 c	30.59 ± 0.26 c	0.0008 ± 0.00001c	0.0005 ± 0.00001c
	75%	54.04 ±0.58 d	42.89 ±0.18 d	0.001 ± 0.00002d	0.0006 ± 0.00002d
	Valor F	**1140.127****	**33563.109****	**372.33****	**193.11****

b. Atividade de peroxidase:

A atividade da peroxidase expressa em (m mol /mg/min) está presente no Quadro (4.8). Diminuiu em todos os tratamentos com o aumento da salinidade da água do mar quando comparada com o controlo Quadro (4.8) o valor mais elevado foi a 25% (0,0006 m mol / mg proteína / min) e o valor mais baixo foi a 100% (0,0001 m mol / mg proteína / min) no rebento de *Simmondisia chinensis.*

Após seis semanas, os resultados na tabela (4.8) mostraram que a atividade da peroxidase diminuiu em todos os tratamentos com o aumento da salinidade da água do mar quando comparada com o controlo, o valor mais elevado a 25% e 50% atingiu (0,0003m mol / mg proteína / min) e o valor mais baixo a 75% (0,0002 m mol / mg proteína / min) no rebento de *Simmondisia chinensis.*

4.12: Isolamento e fracionamento de proteínas:

As plantas de jojoba foram cultivadas durante quatro e seis semanas na presença ou ausência de diferentes níveis de água do mar. As proteínas foram separadas na primeira dimensão a pH 3,0-10,0 e corrente 60-80 amperes. Os géis foram corados com azul coloidal de Coomassie, como se mostra na figura (4.1). O cromatograma foi analisado por densitómetro e os dados foram resumidos na Tabela (4.9). Os dados revelaram que a técnica PAGE foi utilizada para visualizar e identificar as proteínas que respondem ao stress da salinidade nas folhas das plantas de jojoba. Das 28 bandas coráveis por coomassie, 10 bandas mostraram respostas significativas aos tratamentos de stress da água do mar. As proteínas identificadas foram divididas em três categorias: proteínas induzidas, reduzidas e sobre-expressas em resposta ao stress.

Dez proteínas que mostram uma indução elevada após o stress salino eram semelhantes às proteínas gerais do stress. Dez proteínas induzíveis de massa molecular 56, 36, 43, 33 32, 27, 25,24,23,21 e 20 Kds foram visualizadas. Bandas de Mw 56 apareceram nos três tratamentos com nível de água do mar durante o estágio vegetativo. E ainda apareceram no nível baixo de água do mar na fase de floração.

floração. Três bandas de proteínas de elevada massa molecular de Mw 172, 87 e 35 Kd foram reduzidas por diferentes tratamentos com água do mar em ambas as fases de crescimento. Três bandas proteicas de Mw 45, 35 e 22 Kd foram sobre-expressas sob diferentes tratamentos de água do mar em ambas as fases de crescimento da planta.

Tabela: 4.8 Valores médios e± SE para a atividade específica das enzimas catalase e peroxidase, (m mol / mg proteína / min) de rebentos de plantas de *S. chinensis* em diferentes concentrações de água do mar após quatro e seis semanas.

	Concentrações de água do mar	**Catalase (m mol / mg proteína / min)**	**Peroxidase (m mol / mg proteína / min)**	**Protéicos (mg/g de peso fresco)**
4 semanas	**Controlo**	0.0022 ± 0.0010 a	0.0006 ± 0.0005 c	20.78 ± 1.14 c
	25%	0.0033 ± 0.0006 a	0.0006 ± 0.0005 c	18,90 ± 1,17 bc
	50%	0.0011 ± 0.0005 a	0,0004 ± 0,0001 bc	16,29 ± 1,47 ab
	75%	0.0024 ± 0.0008 a	0,0002 ± 0,00004 ab	14.96 ± 0.44 a
	100%	0.0014 ± 0.0005 a	0.0001 ± 0.00002 a	14.03 ± 1.20 a
	Valor F	**1.180 ns**	**7.93****	**6.06***
6 semanas	**Controlo**	0.002 ± 0.0004a	0.0005 ± 0.0001b	23.68 ± 0.49c
	25%	0.003 ± 0.0008a	0,0003 ± 0,000ab	19.07 ± 1.12c
	50%	0.001 ± 0.0005a	0.0003 ± 0.0001a	9.85 ± 0.63b
	75%	0.003 ± 0.001a	0.0002 ± 0.000a	9.43 ± 0.18a
	Valor F	**1,27ns**	**4.26***	**102.26****

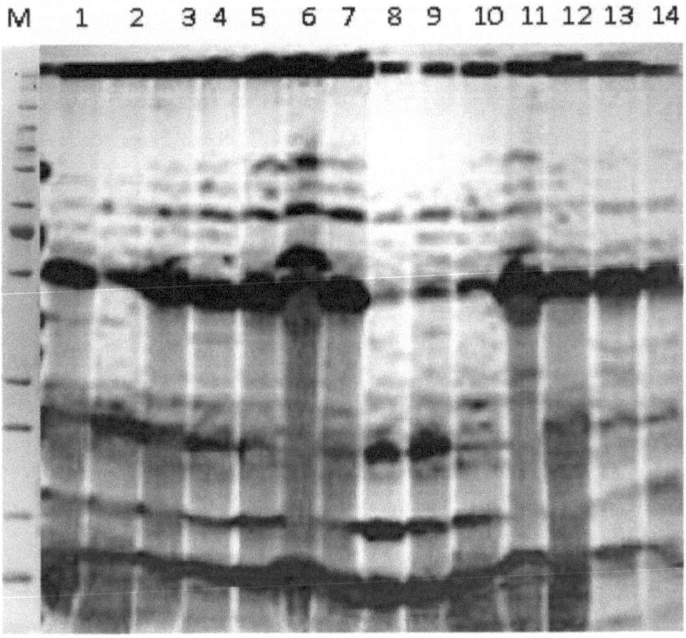

Fig 4.1: Os perfis SDS-PAGE de polipéptidos extraídos de plantas *de S.chinensis* em ambas as fases de crescimento (vegetativo e floração) cultivadas em diferentes níveis de água do mar (25%, 50% e 75%) após duas, quatro e seis semanas.

1: controlo após duas semanas.
2: 25% ao fim de duas semanas.
3: 50% ao fim de duas semanas.
4: 75 após duas semanas.
5: 100% após duas semanas.
6: controlo após quatro semanas.
7: 25% após quatro semanas
8: 50 após quatro semanas.
9: 75% ao fim de quatro semanas.
10: 100% após quatro semanas.
11: controlo após seis semanas
12: 25% após seis semanas.
13: 50% após seis semanas.
14:75% após seis semanas.

Amostras	controlo 2	25% 2	50% 2	75% 2	100% 2	controlo 3	25% 3	50% 3	75% 3
Kda	6	7	8	9	10	11	12	13	14
194	+	+	-	-	+	-	+	+	-
172	+	-	-	-	-	-	-	-	-
87	+	-	-	-	-	-	-	-	-
76	+	+	-	-	+	+	-	-	+
63	+	+	-	-	+	+	-	-	-
59	+	-	-	-	-	+	+	+	-
56	-	+	+	+	+	-	+	-	-
45	+	-	+	+	+	+	+	+	+-
39	+	+	-	-	+	+	+	+	+
38	-	+	-	+	-	+	-	+	-
37	+	-	+	-	-	-	+	-	-
36	-	+	-	-	-	+	-	-	-
35	+	-	-	-	-	+	+	-	-
34	-	-	-	+	-	-	-	-	-
33	-	-	-	-	+	-	-	-	+
32	-	-	+	-	-	-	-	+	-
30	+	+	+	+	+	+	+	+	+
27	-	-	+	+	+	+	-	-	-
26	+	+	-	-	-	-	-	-	-
25	-	-	-	-	+	-	+	+	+
24	-	+	+	+	-	-	-	-	+
23	-	+	+	+	+	+	+	+	-
22	+	+	+	+	+	+	+	-	-

Capítulo 5

Discussão

Na região mediterrânica, para além da escassez de água ou da elevada salinidade dos solos costeiros, é sobretudo quando a água salina é utilizada para irrigação que se observam efeitos adversos nas culturas, atrasando ou impedindo a germinação e o crescimento das plântulas **(Hegarty, 1978; Almodares *et al.*, 2007).** A utilização de halófitas como culturas ajudaria em zonas altamente salinizadas, onde apenas está disponível água de má qualidade, inadequada para a maior parte da agricultura **(Rozema e Flowers, 2008)**. Neste contexto, a quinoa, uma halófita facultativa com uma qualidade nutricional excecional, poderia ser útil para recuperar terras salinizadas e aumentar a economia agrícola pobre das regiões semiáridas da zona mediterrânica.

Os nossos resultados indicaram que o crescimento da planta estava negativamente correlacionado com o aumento dos níveis de água salina. Os valores do comprimento da planta, peso do rebento (fresco e seco), rácio rebento/raiz e medidas da folha diminuíram com o aumento dos níveis de salinidade, especialmente em concentrações de salinidade mais elevadas. Estes resultados estão de acordo com **Chookhampaeng *et al.*, (2008); Meloni *et al.*, (2001); Akhtar *et al.*, (2003); Mulholland *et al.*, (2003) e Qaderi *et al.*, (2006)**. Registaram que o tratamento com salinidade causou o atraso no crescimento e a inibição dos rebentos. A supressão do crescimento de rebentos e raízes sob stress salino pode dever-se à redução osmótica da disponibilidade de água ou à acumulação excessiva de iões, conhecida como efeito de ião específico **(Marschner, 1995; Katerji *et al.*, 2004 e Mansour *et al.*, 2005).**

A inibição do crescimento pela salinidade é o efeito mais evidente em todas as plantas cultivadas. Quase todos os parâmetros relacionados com o crescimento, como o peso fresco e seco das plântulas, o peso seco e o comprimento dos rebentos e das raízes, foram afectados negativamente em condições salinas. O peso fresco das plântulas em ambas as cultivares de trigo diminuiu a um nível de salinidade mais elevado. A variedade tolerante ao sal deu mais peso fresco em comparação com a outra sob stress de sal baixo **(Hameed *et al.*, 2008).**

Os nossos resultados indicaram uma diminuição altamente significativa no conteúdo de água e crescimento representado na biomassa de rebentos e raízes de plantas *de Simmondisia chinensis* sob diferentes níveis de água salina (tabela 4.1&4.2). Estes resultados são observados por muitos investigadores **Khan *et al.*, (1999); Khan, (2001); Soares *et al.*, (2001); Vitoria *et al.*, (2003); Sam *et al.*, (2003) e Hossain *et al.*, (2004).** Concluíram que a redução do crescimento pode resultar dos efeitos do sal na atribuição de peso seco, relação iónica, estado da água, processos fisiológicos, reacções bioquímicas e combinações de tais factores **(Salama *et al.*, 1994; Kinraide, 1999; Roya e Aragues, 1999 e Shabala *et al.*, 2000).** Os nossos resultados também revelaram que os rebentos são geralmente mais inibidos pelo aumento dos níveis de salinidade do que as raízes. **Ono *et al.*, (2000); Tanaka *et al.*, (2004) e Gad, (2005)** também registaram os mesmos resultados.

Os dados indicaram que o comprimento dos rebentos e a área das folhas aumentaram com o aumento do nível de água do mar a 25% e depois reduziram-se significativamente com o aumento da salinidade da água do mar. Os resultados também mostraram que o comprimento máximo dos rebentos e das raízes e a área das folhas foram registados ao nível de 25% de salinidade da água do mar, mostrando depois uma redução gradual com o aumento da salinidade em todas as partes da planta. Mas a diminuição do comprimento das raízes continua a ser maior em comparação com as plantas irrigadas com água doce, exceto no último tratamento (100 % de água do mar). Por outro lado, o comprimento das folhas não apresentou reduções significativas em comparação com o controlo, exceto no tratamento mais elevado (100 % de água do mar). Estes resultados estão de acordo com os obtidos por **Afifi *et al.*, (2010); Hakim *et al.*, (2010); Maiti *et al.*, (2010) e Yakubu *et al.*, (2010),** que explicaram que o aumento do comprimento das raízes pode dever-se à migração de hidratos de carbono para as partes mais baixas da planta em condições de salinidade, enquanto a redução do comprimento dos rebentos pode dever-se a várias razões, como o aumento da pressão osmótica da solução do solo, que reduz a disponibilidade de água e a interferência dos nutrientes.

Os dados da área foliar (Quadro 4.1) mostraram uma diminuição da área foliar sob exposição das plantas ao stress de salinidade. Esta redução, como resultado do excesso de iões Na^+ e Cl^-, também foi associada à clorose e à morte de folhas expandidas, levando a uma diminuição da atividade fotossintética (**Burgnoli e Lauteri,1991; Bernstein *et al.*, 1993; Nabil e Coudret, 1995 e Meloni *et al.*, 2001**), que verificaram que o crescimento das plantas e a área foliar foram reduzidos pela salinidade.

Os nossos resultados na Tabela (4.1, 4.2) mostraram uma diminuição do teor de água com o aumento dos níveis de água do mar. Resultados semelhantes foram também registados por **Chen e Plant, (1999); Chutipaijit *et al*, (2009) e Munns *et al.*, (2006).** Esta redução está associada às potencialidades de tolerância ao sal da *simmondisia chinenses*; assim, uma ligeira diminuição do teor de água foi mostrada na planta considerada como uma cultivar de tolerância ao sal. O aumento do teor de soluto das células nas plantas tratadas com sal faz com que seja absorvida mais água do que nas folhas de controlo, resultando numa aparente baixa capacidade hídrica no tratamento com sal (**Abbas *et al.*, 2013**). Os dados representados na tabela (4.1,4.2) mostraram que o conteúdo de água (WC) das plantas de jojoba reduziu significativamente com o aumento dos níveis de salinização. A redução do fornecimento de água às folhas ocorre provavelmente através dos efeitos do stress na estrutura anatómica e desorganização do cilindro vascular e diminuição da condutância das membranas radiculares (**Yeo *et al.*, 1987**). Os mesmos resultados foram encontrados por **Nafie e El-Khallal, (2001)** no trigo.

Os níveis de salinidade diminuíram consideravelmente o teor foliar de clorofila "a", clorofila "b" e clorofila total em comparação com o controlo (quadro 4.3). Aparentemente, o teor foliar mais baixo de clorofila foi obtido a partir de 100 %. Estes resultados podem ser devidos à redução do volume do estroma dos cloroplastos induzida pelo stress hídrico induzido pelo sal e à regeneração de espécies reactivas de oxigénio, que desempenham um papel importante na inibição da fotossíntese observada em plantas sujeitas a stress salino **(Price e Hendry, 1991 e Allen, 1995).** Os nossos resultados estão de acordo com muitos autores que revelaram que o teor total de clorofila das folhas foi reduzido pelo aumento do nível da água do mar **(Cha-Um e**

Kirdmanee, 2009). A salinidade pode alterar seriamente o metabolismo do carbono fotossintético, o teor de clorofila das folhas, bem como a eficiência fotossintética. Observou-se que os níveis elevados de salinização induziram uma diminuição significativa do conteúdo das fracções pigmentares (clorofila a e b) e, consequentemente, do conteúdo total de clorofila em comparação com as plantas de controlo **(Seeman e Critchley, 1985 e Sharkey *et al.*, 1989).** A diminuição dos níveis do teor de clorofila sob stress salino é um fenómeno comummente referido e estabelecido que pode dever-se a diferentes razões; uma delas está relacionada com a deterioração das membranas **(Ashraf e Bhatti, 2000).**

Os dados representados na tabela (4.3) mostraram que a clorofila a, b, a razão clorofila a / b e o conteúdo de carotenóides diminuíram significativamente com o aumento dos níveis de salinização nas plantas *de Simmondisia chinensis*. Também foi relatado que a salinidade diminui o conteúdo de clorofila por muitos autores **Lascano *et al.*, (2003); Meloni e Oliva, (2003); Hemada, (2004); Parida *et al.*, (2004); Baik *et al.*, (2005); Karimi *et al.*, (2005) e Jeyaramraja *et al.*, (2005).** Além disso, o aumento altamente significativo obtido no teor de carotenóides pode dever-se ao papel protetor dos carotenóides, que representa uma das suas funções primárias **Krinsky, (1978).** Estes resultados estão de acordo com os obtidos por **Maibangsa *et al.*, (1999)** em *Oryza sativa*; **(Nafie e El-Khallal, 2000)** em tomate; **(Hayat *et al.*, 2001)** em mostarda; **(Sivakumar *et al.*,2002)** em milheto; **(Gad, 2005)** em *Vicia* fabae **(Durai, 2006)** em cana-de-açúcar.

A monitorização da condutividade eléctrica no início e no fim do tratamento de salinidade mostrou um aumento considerável deste parâmetro para todos os meios, sendo este resultado consistente com **Abdellbasset *et al.*, (2010).**

O sódio (Na^+) no tratamento de stress salino da tamareira foi acumulado dependendo do grau de tratamento salino em termos de CE (dS m-1) **(Ramoliya e Pandey, 2003; Tripler *et al.*, 2007)**, milimolar (mM) **(Al-Khayri, 2002)** e partes por milhão (ppm) **(Alhammadi e Edward 2009; Cha-um *et al*, 2010).** O aumento aparente da RLR da membrana parece ser paralelo ao aumento do teor de sal das folhas nos tratamentos com (NaCl), e o movimento do Na^+ está intimamente associado ao movimento do anião. A redução observada no controlo do movimento de iões pode resultar de níveis externos elevados de Na^+, uma vez que níveis elevados de Na^+ podem resultar na despolarização da membrana e no efluxo de K^+ **(Jacoby,1994; Hela *et al,* 2012).** O enriquecimento de Na^+ nas plântulas em stress salino causa uma lesão na membrana, que é representada pela percentagem do rácio de fuga relativa (RLR) **(Ghoulam *et al.*, 2002; Youssef e Awad, 2008).** Um aumento da RLR lesou diretamente os pigmentos fotossintéticos, incluindo Chl. a, Chl. b, Chl. a,b e carotenóides. O Chl. a e o Chl. a,b nas plântulas de plantas sob stress salino foram significativamente degradados em relação ao controlo **(Youssef e Awad, 2008).**

Os nossos resultados indicaram que os sais solúveis totais (SST) nas plantas aumentaram em resultado da absorção de sais da água do mar. Verificou-se uma relação positiva entre a salinidade e os sais solúveis totais. Muitos resultados demonstraram um aumento de sais solúveis em frutos de jojoba **Zhong e Xia, (2007)** e **Li *et al.*, (2009).**

Os resultados do presente trabalho mostraram que o tratamento das plantas de *Simmondisia chinensis* com diferentes concentrações de salinidade causou um aumento significativo do teor de açúcar solúvel e de hidratos de carbono totais dos rebentos e das raízes (Quadro 4.5). No que diz respeito à percentagem de hidratos de carbono, os nossos resultados concluíram que o teor de hidratos de carbono das folhas de jojoba aumentou significativamente com o aumento dos níveis de salinidade. Este aumento pode ter ocorrido para regular o potencial osmótico sob stress salino **(Sasiakala e Prasad, 1993 e Teixeira e Pereira, 2007).** Estes resultados estão de acordo com (**Dhanapackiam andMuhammad, 2010**). Muitas plantas, que são stressadas pela salinidade (NaCl), acumulam amido e hidratos de carbono solúveis (**Greenway e Munns, 1980 e Rathert, 1984**). Esta acumulação tem sido atribuída a uma utilização deficiente dos hidratos de carbono (**Munns e Termaat, 1986**).

A níveis de salinidade baixos e moderados, este efeito estimulante foi muito mais pronunciado nos rebentos das plantas do que nas raízes. A este respeito, alguns autores **El-Tayeb, (1991); Schubert *et al.*, (1995); Omran, (2000); Singh *et al.*, (2000) e Parida *et al.*, (2003)** relataram que os açúcares podem ser acumulados em várias plantas sob stress de salinidade, e a maior acumulação de açúcares solúveis pode ser o resultado de uma grande conversão de amido em açúcares solúveis **(Turner *et al.*, 1978).** Tais resultados também foram observados por **Salama *et al.*, (1981)** em plantas de tomate e rúcula; **(Salama *et al.*, 1982)** em plantas de cenoura e beterraba sacarina; **(Kishk e Shalaby, 1983)** em *Vigna sinesis*; **(Hefni *et al.*,1984)** em cevada; **(Foda, 1986)** em plantas de alfafa; **(Farghly, 2001)** em cultivares de trigo e **(Mahmoued, 2004)** em cultivares de milho. O aumento dos açúcares solúveis pode desempenhar um papel importante no ajustamento osmótico **(Vieira dos Santos e Caleira, 1999 e Abd El-Samad *et al.*, 2004).**

Os nossos resultados mostram que o tratamento das *plantas de Simmondisia chinensis* com diferentes níveis de salinização causou um aumento altamente significativo da prolina nos rebentos e raízes das plantas (tabela 4.5). Estes resultados estão de acordo com os resultados obtidos por alguns autores **Sundaresan e Sundhakaran, (1995); Kumar *et al.*, (2003) e Hemada, (2004),** que relataram que as plantas que crescem sob condições salinas acumulam vários solutos como resultado do metabolismo secundário do nitrogénio e da prolina livre de carbono que se acumula nas plantas expostas ao stress hídrico ou à salinidade **Weimberg *et al.*, (1982) e Mansour (2000).** A prolina protege as estruturas proteicas contra a desnaturação e protege a membrana celular das condições de stress ambiental prevalecentes, como a salinidade **(Hare *et al.*, 1999).** A interpretação mais comum da acumulação de prolina é que actua como um soluto osmótico citoplasmático e como fonte de energia e azoto **(Madan *et al.*, 1994; Hemada, 2004; Moghaieb *et al.*, 2004; Karimi *et al.*, 2005 e Kukreja *et al.*, 2005).**

Foi demonstrado que a prolina se acumula em maior quantidade do que qualquer outro aminoácido e regula o potencial osmótico da célula **(Ali *et al.*, 1999; Abraham *et al.*, 2003**). Também se coloca a hipótese de que a prolina, para além de ser um osmólito, também está envolvida na eliminação de radicais livres e protege as células vegetais contra o efeito adverso do sal, mantendo o equilíbrio osmótico **(Okuma *et al.*, 2004; Ashraf e Foolad, 2007)**. É óbvio a partir do estudo que o stress salino regulou as enzimas envolvidas na biossíntese e elevou os níveis de prolina, o que está de acordo com as conclusões de **Hare *et al.*, (1999); Chen *et al.*, (2000) e Munns, (2005)**. Também foi demonstrado que as estirpes tolerantes ao sal apresentam geralmente um teor de prolina mais elevado do que as sensíveis ao sal **(Shereen *et al.*, 2007)**. Para verificar se a prolina exógena modifica o teor interno de aminoácidos, foi determinado o teor de prolina do tecido foliar. Diferentes concentrações de prolina aplicadas exogenamente aumentaram a medição sob stress salino, sugerindo que a acumulação de solutos compatíveis constitui frequentemente uma estratégia básica para a proteção e sobrevivência das plantas sob stress **(Hanson e Hitz, 1982)**.

Anteriormente, para estabelecer a importância da proteólise induzida pelo sal e a atividade da glutamina sintetase na acumulação de prolina, as plantas de cajueiro (*Anacardium occudentale*) foram expostas a uma exposição de curto e longo prazo ao NaCl **(Silveira *et al.*, 2003 e Hameed *et al.*, 2008)**. A prolina é um osmólito importante envolvido no controlo da pressão osmótica nas células **(Ashraf e Foolad, 2007**) e um dos indicadores mais sensíveis da tolerância ao sal na tamareira **(Djibril *et al.*, 2005; Cha-um *et al.*, 2010)**.

A interação dos iões principais nos tecidos das plantas salinizadas de forma variada foi determinada e revelou alterações consideráveis. Estas alterações podem ser consideradas como um meio de regulação osmótica nos tecidos das plantas **(Hellebust, 1976 e Prat e Fathi-Ettai, 1990)**.

Os dados do presente estudo indicaram que o conteúdo dos aniões principais (Cl^-) investigados mostrou alterações variáveis como resultado do stress de salinidade nos rebentos e raízes das plantas experimentais. O teor de cloretos (Cl^-) nos rebentos e raízes das plantas de *Simmondisia chinensis* aumentou com o aumento dos níveis de salinidade. Isto está de acordo com conclusões semelhantes às de **Yeo e Flower, (1986)** sobre o arroz, que mostraram que os danos causados pelo NaCl se devem mais à toxicidade dos iões (Cl^-) do que aos seus efeitos osmóticos e que a principal consequência é uma alteração das funções das membranas **(Izzo *et al.*, 1989)**. **Gadallah, (1999)** relatou que a salinidade aumentou o conteúdo de (Cl^-) em plantas *de Vicia faba*.

Os resultados obtidos no presente trabalho demonstram que o teor de sódio (Na^+

) foi acumulado nos rebentos e nas raízes das plantas *de Simmondisia chinensis*, tendo-se registado a maior acumulação de Na^+ nas plantas sujeitas aos níveis de salinidade mais elevados. Além disso, foi registada uma acumulação acentuada e clara do teor de Na^+ nas raízes das plantas sujeitas a stress, mais do que nos rebentos. Vale a pena mencionar que a acumulação deste ião tóxico nos tecidos das plantas é acompanhada por efeitos prejudiciais nos critérios de crescimento. A baixa concentração de Na^+ no rebento em comparação com a raiz pode indicar que estas plantas têm a capacidade de impedir o transporte de Na^+ excluído da raiz para os sistemas de rebentos das plantas examinadas. Estes resultados são semelhantes aos encontrados por alguns autores com algumas plantas glicófitas **(Perez-Alfocea *et al.*, 1994; Moghaieb *et al.*, 2004; Elkahoui *et al.*, 2005 e Karimi *et al.*, 2005).** Em algumas espécies, a retenção de Na^+ ao nível da raiz constitui um mecanismo conveniente de resistência à salinidade **(Izzo *et al.*, 1991)**.

A diminuição do teor de Na^+ nos rebentos de ambas as plantas experimentais pode dever-se à acumulação de iões Na^+ nas raízes associada a um transporte lento de Na^+ devido à diminuição das taxas de transpiração. Pelo contrário, **Lutts *et al.*, (1995)** verificaram que, em cultivares de arroz, foi observado um teor mais baixo de Na^+ não só nos rebentos mas também nas raízes de cultivares de arroz resistentes ao sal.

A redução do teor de potássio (K^+) em rebentos e raízes de plantas *de Simmondisia chinensis* salinizadas, especialmente sob os níveis mais elevados de salinização utilizados, está intimamente relacionada com os resultados obtidos por alguns outros autores **(Lynch e Lauchli, (1984); Houda *et al.*, (1994); Lopez *et al.*, (1994); Song e Fujiyama, (1996) e Kaya *et al.*, (2001)).**

O conteúdo de cálcio (Ca^{2+}) apresentou uma diminuição altamente significativa nos brotos e raízes de *plantas de Simmondisia chinensis* salinizadas. A redução do conteúdo de Ca^{2+} nas plantas afectadas pelo sal pode prejudicar as funções metabólicas ou alterar a permeabilidade das membranas **(Vieira dos Santos e Caleiro, 1999).** Além disso, o declínio na concentração de Ca^{2+} nos tecidos pode ser devido a um efeito antagónico do Na^+ **(Cramer *et al.*, 1989)** e\ ou Mg^{2+} **(Marshner, 1995)** na absorção de $Ca^{(2+)}$. O aumento do tratamento com (NaCl) induz o aumento de Na^+ e Cl^- e a diminuição de Ca^{2+}, K^+ e Mg^{2+} **(Khan *et al.*, 2000 e Khan, 2001).**

O teor de magnésio (Mg^{2+}) nos rebentos e raízes das plantas *de Simmondisia chinensis* foi altamente reduzido em resultado do stress de salinidade. Isto está de acordo com os resultados obtidos por alguns autores **Muhammed *et al.*, (1987); Cachorro *et al.*, (1994); Khan *et al.*, (2000) e Khan, (2001).** A alteração na distribuição e acumulação de catiões mono e divalentes nos diferentes órgãos de plantas sujeitas a stress salino pode ser uma indicação do papel destes catiões na regulação das actividades fisiológicas destas plantas **(Benzioni *et al.*, 1992 e Hamada e El-Enany, 1994).**

Os resultados obtidos indicaram claramente que os conteúdos elementares de K^+, Ca^{2+} e Mg^{2+} nas folhas de jojoba aumentaram com a diminuição dos intervalos de rega. Por outro lado, foi encontrada uma tendência oposta relativamente a Na^+ e Cl^-, uma vez que aumentou com o aumento dos intervalos de rega. A diminuição do teor de nutrientes das folhas de jojoba com o aumento do intervalo de rega pode dever-se ao stress hídrico em taxas mais baixas, o que reduz a taxa de processos metabólicos para produtos secundários que levam ao aumento do teor de nutrientes nas folhas; no entanto, na presença de água de rega frequente, a acumulação de produtos pode aumentar. Além disso, o aumento destes nutrientes pode ser explicado pelo aumento do crescimento resultante da utilização de níveis de rega mais elevados. O efeito de promoção do encurtamento do período de rega reflectiu-se nos teores de clorofila nas folhas de jojoba, pelo que os seus teores aumentaram. As percentagens mais elevadas dos constituintes químicos obtidas com a irrigação podem dever-se ao efeito da água, que produz substâncias promotoras do crescimento, resultando numa absorção mais eficiente dos nutrientes, cujos principais componentes, os hidratos de carbono, aumentaram, tal como indicado pelos nossos dados. Estes resultados estão de acordo com as conclusões de **Edris *et al.*, (2003) e El-Hady, (2005).** Diferentes nutrientes inorgânicos essenciais, como o K, têm desempenhado um papel vital na atenuação dos efeitos nocivos da salinidade na maioria das plantas **(Kaya *et al.*, 2001; Naheed *et al.*, 2007).** O aumento da absorção de K^+ e/ou Ca^{2+} à custa da redução da absorção de Na^+ nas células de plantas sob stress salino é considerado vital para a manutenção de um rácio celular elevado de K /Na^{++} **(Ashraf, 2004; Kavitha *et al.*, 2012 e Kaya *et al,* 2013).**

A raiz é o principal órgão a acumular o Na^{+} melhor do que os órgãos dos rebentos e das folhas **(Tripler *et al.*, 2007; Alhammadi e Edward, 2009).** Deve ser possível que o órgão da raiz seja a primeira barreira da planta a ficar intacta à salinidade do solo, que é enriquecida com Na^{+} . O K^{+} é bem conhecido como permutador de iões no sistema de membranas de absorção de Na^{+} pelas células vegetais **(Akram *et al.*, 2009).** No presente estudo, o Na^{+} foi enriquecido enquanto o K^{+} foi reduzido, levando a um aumento da relação Na /K^{++} . É bastante semelhante a relatórios anteriores em plantas **Al- Khayri, (2002); Alhammadi e Edward, (2009) e Cha-um *et al,* (2010).**

A salinidade altera os processos metabólicos gerais e as actividades enzimáticas, provocando um aumento da produção de espécies reactivas de oxigénio (ROS) **(Menezes-Benavente *et al.*, 2004).** A expressão de genes de defesa antioxidante seria, por sua vez, activada para defender a célula contra os danos oxidativos. A catalase, que está envolvida na degradação de H2O2 em água e oxigénio, é a principal enzima de eliminação de H2O2 em organismos totalmente aeróbicos **(Yang e Poovaiah, 2002).** A catalase é fundamental para manter o equilíbrio redox durante o stress oxidativo. A catalase funciona como um sumidouro celular de H2O2 **(Willekens *et al.*, 1997).**

Foi referido que a exposição ao stress oxidativo provoca uma diminuição da atividade da catalase em plântulas de trigo e de arroz **(Shim *et al.*, 2003).** Como prova adicional, a atividade da catalase também diminuiu em todos os níveis de salinidade em comparação com o controlo em ambas as cultivares de trigo no presente estudo. Isto indica que a salinidade elevada reduz geralmente a atividade da catalase, independentemente do genótipo do trigo **(Hameed *et al,* 2008).**

O stress salino elevou as actividades das quatro enzimas antioxidantes CAT e POX, em plantas expostas ao stress salino, sugerindo que o sistema de defesa oxidativo em plantas stressadas com sal

As plantas de milho têm sido muito eficazes para neutralizar várias espécies reactivas de oxigénio (ROS) produzidas devido ao stress salino **(Ashraf, 1994; Kaye *et al.*, 2001 e Kaya *et al,* 2013).**

A variação dos antioxidantes induzida pelo stress depende da gravidade e da duração do tratamento, bem como da espécie e da idade da planta **(Pan *et al.*, 2006).** Em espécies vegetais tolerantes, verificou-se que a atividade POX era mais elevada, proporcionando proteção contra o stress oxidativo **(Scalet *et al.*, 1995). Pan *et al.*, (2006)** verificaram que, numa experiência de POD, as actividades diminuíram inicialmente, indicando um aumento da produção de uma proteção contra os danos oxidativos **(Van Rensburg *et al.*, 1994). Telesins ki *et al.*, (2008)** registaram que a atividade da catalase era flutuante, primeiro aumentando e depois diminuindo à medida que a concentração iónica de Cl^- nas plantas aumentava. **Chaparzadeh *et al.*, (2004)** sugeriram um estímulo. Influência do (NaCl) na atividade da catalase. Também **Rahnama e Ebrahimzadeh, (2005)** observaram um aumento da atividade da catalase em plantas *de Lycopersicon esculentum.*

Chookhampaeng, (2008) observou um aumento da atividade da CAT, mas uma diminuição da atividade da POD, nas folhas de *Calendula officinalis* L. em resposta ao stress salino. O aumento da atividade da CAT em concentrações baixas e moderadas de sal correlacionou-se com a defesa celular contra a fotorrespiração induzida pelo sal nos peroxissomas. No entanto, sob stress salino elevado, a CAT é inibida e as células das folhas são protegidas dos danos oxidativos em grande parte pela POD.

Um dos mecanismos afectados pelo stress salino nas plantas é a síntese de proteínas. Sabe-se que o teor de proteínas solúveis é um importante indicador do estado fisiológico das plantas **(Porgali, 2001).** As alterações na hidratação das proteínas são um dos resultados das elevadas quantidades de iões no stress salino nas células vegetais. A salinidade reduz as quantidades de RNA devido a alterações na atividade citoplasmática de RNAaze e os níveis de DNA como resultado da perturbação do mecanismo de síntese **(Yu e Rengel, 1999).**

Vários trabalhadores detectaram uma série de proteínas induzidas pelo sal, reflectindo a complexidade das respostas bioquímicas e fisiológicas. Há muitos relatórios que mostram que estas alterações proteicas são acompanhadas de alterações biológicas do processo de adaptação, que tornam o organismo mais apto para o ambiente alterado **(Singh *et al.*, 1985 e Hurkman *et al.*, 1988).**

Sugeriram que a água era perdida mais rapidamente da bainha para substituir a perdida pelas folhas ou raízes **(Kong-Ngerna *et al.*, 2005)**, ou que o sal era transferido das folhas e raízes para a bainha para manter um equilíbrio osmótico crítico nos dois tecidos mais importantes. **Abbasi e Komatsu, (2004)** descobriram que cinco proteínas específicas que respondem ao sal, expressas em regiões específicas do arroz, eram reguladas positivamente na bainha da folha de arroz e expressas noutros tecidos.

O efeito do stress salino no conteúdo proteico dependeu da concentração de (NaCl). Em níveis mais baixos de (NaCl), houve um aumento no conteúdo de proteína, mas concentrações mais altas causaram um declínio tanto no rebento como na raiz. Isto sugere que a resposta inicial ao stress hídrico envolve o aumento da síntese proteica que é impedida quando o stress se torna demasiado severo. A prolina exógena aumentou o conteúdo proteico do rebento e da raiz em todos os níveis de stress salino e, curiosamente, também em plantas sem stress **(Khedr *et al.*,2003).**

Seria de prever que as plantas sob stress dispusessem de uma poderosa maquinaria de renovação de proteínas para degradar as proteínas danificadas pelo stress e as proteínas reguladas pelo ambiente. Uma vez que a ubiquitina é um componente essencial desta maquinaria, a sua disponibilidade durante o stress é vital e, por conseguinte, a regulação positiva da ubiquitina pelo stress tem sido vista como uma caraterística adaptativa **(O'Mahony e Oliver, 1999).**

Kheder *et al.*, (2003) concluíram que a expressão da ubiquitina é induzida pelo stress hídrico, mas que isso se deve à acumulação de ubiquitina livre nos rebentos e aos conjugados ubiquitina-proteína nas raízes. Uma explicação possível para este facto é que a produção de ubiquitina é aumentada em resposta ao stress e que a acumulação de conjugados reflecte a diferente atribuição de controlo a enzimas na via de renovação de proteínas entre os dois tecidos. Assim, a taxa de ubiquitinação das proteínas pode ser um ponto de controlo importante nos rebentos sob stress, mas nas raízes a taxa de renovação das proteínas ubiquitinadas é o principal ponto de controlo. Os conjugados de ubiquitina diminuíram em resposta ao stress salino, independentemente da abundância de ubiquitina livre, indicando que a ubiquitina livre não limita a taxa nestas condições. A acumulação de conjugados depende de, pelo menos, dois factores: a eficiência das enzimas ubiquitinantes na ligação da ubiquitina às proteínas danificadas e, em segundo lugar, as taxas de degradação ou desconjugação; as proteínas ubiquitinadas podem ser reparadas por chaperones e/ou desubiquitinadas por proteases cisteínicas **(Yen *et al.*, 2000).**

Conclusão

Na região mediterrânica, para além da escassez de água ou da elevada salinidade dos solos costeiros, é sobretudo quando a água salina é utilizada para irrigação que se observam efeitos adversos nas culturas, atrasando ou impedindo a germinação e o crescimento das plântulas **(Hegarty 1978; Almodares *et al*,. 2007)**. A utilização de halófitas como culturas ajudaria em zonas altamente salinizadas, onde apenas está disponível água de má qualidade, inadequada para a maior parte da agricultura **(Rozema e Flowers, 2008)**. Neste contexto, as plantas de jojopa, como halófito facultativo com uma qualidade nutricional excecional, poderiam ser úteis para recuperar terras salinizadas e aumentar a economia agrícola pobre das regiões semiáridas da zona mediterrânica. O nosso estudo centrou-se na germinação, crescimento e algumas actividades metabólicas nas fases de plântula e vegetativa. Os resultados podem ser resumidos da seguinte forma:

1- O teor de água (CA) das plantas testadas apresentou uma diminuição acentuada com o aumento dos níveis de salinidade da água do mar.

2- O peso fresco, o peso seco, o comprimento e o teor de água dos rebentos e das raízes e a área foliar das plantas *de Simmondisia chinensis* mostraram uma diminuição acentuada em resultado do stress da salinidade da água do mar.

3- A biossíntese de pigmentos fotossintéticos nas plantas testadas foi reduzida pelo stress da salinidade.

4- Foi registado um aumento significativo no conteúdo da concentração de hidratos de carbono solúveis, hidratos de carbono não solúveis e hidratos de carbono totais nos rebentos das plantas de *Simmondisia chinensis* após a salinidade.

5- A elevação do nível de salinidade da água do mar aumentou a acumulação de prolina nos rebentos e nas raízes das plantas testadas.

6- Os níveis de salinidade da água do mar aumentaram a acumulação de lâminas solúveis totais, expressas em condutividade eléctrica, expressas em (gs / cm) nos rebentos da planta *S.chinensis* em diferentes concentrações de água do mar nos rebentos e raízes das plantas testadas.

7- O conteúdo de aniões e catiões de diferentes órgãos das plantas experimentais foi influenciado pelo stress salino. A acumulação de sódio e cloretos aumentou significativamente em rebentos e raízes de plantas *de Simmondisia chinensis* por salinização. A estimulação da acumulação de Na^{+} e Cl^{-} sob os vários níveis de salinidade é principalmente acompanhada por uma redução do conteúdo de K^{+} , Ca^{2+} e Mg^{2+}.

8- O stress salino provocou uma diminuição da enzima peroxidase e do H2O2 em todos os níveis de salinidade nos rebentos das plantas de *Simmondisia chinensis*. Quanto à catalase, aumenta em certas concentrações e diminui noutras.

9- As proteínas que respondem ao stress da salinidade nas folhas das plantas de jojoba foram monitorizadas pela técnica PAGE. As proteínas identificadas foram divididas em três categorias: proteínas induzidas, reduzidas e sobre-expressas em resposta ao stress. Das 28 bandas coráveis por coomassie, 10 bandas mostraram respostas significativas aos tratamentos de stress por água do mar. Dez proteínas com uma indução elevada após o stress salino eram semelhantes às proteínas gerais do stress. Dez proteínas induzíveis visualizadas de massa molecular 56, 36,43,33, 32,27, 25,24,23,21 e 20 Kds. Bandas de Mw 56 apareceram nos três tratamentos de nível de água do mar durante o estágio vegetativo.

10- Recomendamos o cultivo da planta *Simmondisia chinensis* através da água do mar pelos seus benefícios médicos e utilizações económicas.

Referências

Abbas, M. K.; Ali, A. S.; Hasan, H. H. e Ghal, R. H. (2013). Estudo de tolerância ao sal de seis cultivares de arroz (*Oryza sativa* L.) durante a germinação e o crescimento inicial de mudas. J. Agril. Sci., 5(1): 250-259.

Abbasi, F. e Komatsu, S. (2004). Uma abordagem proteómica para analisar as proteínas sensíveis ao sal na bainha das folhas de arroz. Proteomics, 4(20): 72-81.

Abd El- Samad, H. M.; Shaddad, M. A. e Doaa, M. M. (2004). Mecanismo de tolerância ao sal e efeitos interactivos da inoculação de *Azospirillum brasilense* em cultivares de milho cultivadas em condições de stress salino. Plant Growth Reg., 44(2) : 165-174.

Abdelbasset, B.; Reda, T.; Ahmed, B.; Noureddine, K.; e Abderrahime, B. (2010). Papel do stress salino na germinação de sementes e crescimento Jojoba planta *simmodsia chinensis* (link) schnerider . JUFS J. Biol., 69 (1): 33-39.

Abou-Hadid, A. F. (2003). A utilização de água salina na agricultura na região do Próximo Oriente e do Norte de África: presente e futuro. Journal of Crop Production, 7: 1-2, 299323.

Abraham, E.; Rigo, G.; Szekely, G.; Nagy, R.; Konez, C. e Szabados, L. (2003). A indução dependente da luz da biossíntese de prolina por ácido abscísico e stress salino é inibida por inosteríodos de latão em *Arabidopsis*. Plant Mol. Biol., 51: 363-372.

Adams, P.; Thomas, J. C.; Vernon, D. M.; Bohnert, H. J. e Jensen, R. G. (1992). Distinct cellular and organismic responses to salt stress. Plant Cell Physiol, 33: 1215-23.

Aebi, H. (1984). Catalase. In: Methods in Enzymology Academic Press, Orlando, USA.(ed.1 . Paker), vol. 1 (05): 1 21 -1 26.

Afifi, M.; Saker, M.; Ahmed, M. e Khatab, S. (2010). Estudos morfológicos e fisiológicos sobre o efeito da salinidade e dos promotores de crescimento em plantas de arroz. Ata Agronomice Hungarica, 58: 11-20.

Akhtar, S.; Wahid, A. e Rasul, E. (2003). Emergência, crescimento e composição de nutrientes de rebentos de cana-de-açúcar sob salinidade de NaCl. Biol. Plant, 46: 113-116.

Akram, M. S.; Ashraf, M. e Akram, N. A. (2009). Eficácia do sulfato de potássio na mitigação dos efeitos adversos induzidos pelo sal em diferentes atributos físico-bioquímicos do girassol (*Helianthus annuus* L.). Flora, 204: 471- 483.

Al-Ani, H. A.; Strain, B. R. e Mooney, H. A. (1972). A ecologia fisiológica de diversas populações do arbusto do deserto *Simmondsia chinensis*. J. Ecolo, 60: 41-57.

Albert, R. e Popp, M. (1977). Composição química das halófitas da região do lago Neusiedler na Áustria. Oecologia, 27: 157-170.

Alhammadi, M. S. e Edward, G. P. (2009). Efeito da salinidade no crescimento de doze cultivares de tamareira dos Emirados Árabes Unidos.

Comm. Soil Sci. Plant Anal., 40: 2372 - 2388.
Ali, G.; Srivastava, P. S. e Iqbal, M. (1999). Acumulação de prolina, padrão proteico e fotossíntese em regenerantes cultivados sob stress de NaCl. Biol. Plant, 42: 89-95.
Ali, E. F.; Hassan, F. A. S. e El-Zahrany, O. M. (2012). Plantação de jojoba para produção de óleo sob stress salino e hídrico na região de Taif. Australian Journal of Basic & Applied Sciences, 6 (13): 184 - 192.
Ali, E. F.; Bazaid, S. e Hassan, F. A. S. (2013). Efeitos do sal no crescimento e nos constituintes químicos das folhas de *Simmondsia chinensis* (Link) Schneider. Jornal de Estudos de Plantas Medicinais, 22-34, ISSN: 2320-3862.
Al-Khayri, J. M. (2002). Crescimento, acumulação de prolina e teor de iões em calos de tamareira stressados com cloreto de sódio. In Vitro Cell. Desenvolver. Biol.-Plant., 38: 7982.
Allen, R. D. (1995). Dissecção da tolerância ao stress oxidativo utilizando plantas transgénicas. Plant Physiol, 107: 1049-1054.
Almodares, A.; Hadi, M. R. e Dosti, B. (2007). Efeitos do stress salino na percentagem de germinação e crescimento de plântulas em cultivares de sorgo doce. Jornal de Ciências Biológicas, 7:1492-1495.
AL-Zahrani, H. S.; AL-Toukhy, A. A. e Arabia, S. (2012). Crescimento e constituintes minerais do painço de prosa (*Pennisetum glaucum*) irrigado com água do mar. Life Science Journal, 9 (3) : 67 - 72 .
Anon (1993) . SPSS para Windows. Guia do utilizador do sistema base versão 5.0. Marija J. Norusis/SPSS Inc.
Apse, M. P.; Aharon, G. S.; Snedden, W. A. e Blumwald, E. (1999). Salt tolerance conferredby overexpression of a vacuolar NaC/HC antiport in Arabidopsis. Science, 285: 1256-58.
Arnon, D. I. (1949). Enzimas de cobre em cloroplastos isolados; polifenoloxidase em *Beta Vulgaris*. Plant Physiol, 24: 1-15.
Aronson, J. A. (1989). Base de dados Halophytea de plantas tolerantes ao sal do mundo. Arid Land Studies, Universidade do Arizona, Tucson, A Z.
Ashraf, M. (1994). Reprodução de proteínas de tolerância à salinidade em plantas. Crit. Rev. Plant Sci., 13:17-42.
Ashraf, M. (2004). Alguns critérios de seleção fisiológicos importantes para a tolerância ao sal nas plantas. Flora, 199: 361-376.
Ashraf, M. Y. e Bhatti, A. S. (2000). Efeito da salinidade no crescimento e no teor de clorofila do arroz. Pak. J. Sci. Ind. Res., 43(2) : 130-131.
Ashraf, M. e Harris, P.J. C. (2004). Potenciais indicadores bioquímicos de tolerância à salinidade em plantas. Plant Sci., 166: 3-16.
Ashraf, M. e Foolad, M. R. (2007). Papéis da glicina betaína e da prolina na melhoria da resistência das plantas ao stress abiótico. Environ. Exp. Bot., 59(2): 206-216.
Ashraf, M.; Hameed, M.; Arshad, M.; Ashraf, Y. e Akhtar, K. (2006). Salt tolerance of some potential forage grasses from Cholistan desert of Pakistan In: Ecophysiol of high salinity tolerance plants. Springer, Países

Baixos, pp. 31-54.
Aslam, R.; Bostan, N.; Nabgha-e-Amen, M. M. e Safdar, W. (2011). A critical review on halophytes: Plantas tolerantes ao sal Journal of Medicinal Plants Research Vol. 5(33): pp. 7108-7118.
Aspinall, D. e Paleg, L. G. (1981). Proline accumulation: Physiological aspects. the physiology and biochemistry of drought resistance in plants (ed.) Paleg L. G. e D. Aspinall. Academic Press, In: Pp. 205-241.
Aydinlatmasi, E. E. Y. Y. (2002). Elucidação estrutural do óleo vegetal de Jojoba (*Simmondsia chinensis*) da Arábia Saudita. J. Fac. Pharm, 31(4): 223-229.
Ayers , R. S. e Westcot, D. W. (1985) . Qualidade da água para a agricultura . Organização das Nações Unidas para a Alimentação e a Agricultura (FAO), FAO irrigation and drainage. 29.
Ayerza, R. H. (1996). Avaliação de oito clones de jojoba quanto à capacidade de enraizamento, volume da planta, produção de sementes e qualidade e quantidade de cera. In: Proceedings of the Ninth International Conference on Jojoba and its Uses Peoria, Illinois, Estados Unidos, Association for the Advancement of Industrial Crops,1-3.
Bafeel, S. O. (2013). Filogenia dos genes HKT relacionados com a tolerância à salinidade das plantas. Revista Internacional de Biologia, 5(2): p 64 - 68.
Baik, J.; Nam, Y. K. e Pak, C. H. (2005). Aumento da tolerância à seca com a aplicação de uniconazol em epiprenum aureum durante a hidrocultura ou cultura do solo. horticultura, ambiente e biotecnologia, 46(3): 204-209.
Bashir, M. A.; Ahmad, M. e Anjum, M.A. (2006). Propagação de seis estirpes prometedoras de jojoba através de enxertia de folheado. Intl. J. Agric. Biol., 8: 482-484.
Bates, L. S.; Waldren, R. P. e Tear, I. D. (1973) . Rapid determination of free proline for water stress studies, Plant and soil, 39: 205-208.
Benzioni, A. ; Ventura, M. e De-Maleach, Y. (1996). Efeito a longo prazo da irrigação com água salina no desenvolvimento e produtividade de clones de jojoba. Journal of Horticultural Science (Reino Unido).
Benzioni, A.; Nerd, A.; Rosengartner, Y. e Mills, D. (1992). Efeito da salinidade do NaCl no crescimento e desenvolvimento de clones de jojoba: 1-Plantas jovens. J. Plant Physiol, 139: 731-736.
Bernstein, L. (1975). Efeitos da salinidade e da socidez no crescimento das plantas. Ann. Rev. Phytopathol, 13: 295-312.
Bernstein, N.; Silk, W. K.; Lauchli, A. (1993). Crescimento e desenvolvimento de folhas de sorgo sob condições de stress de NaCl. Planta, 191: 433-139.
Binzel, M. L.; Hess, F. D.;Bressan, R. A. e Hasegawa, P. M. (1988). Compartimentação intracelular de iões em células de tabaco adaptadas ao sal. Plant Physiol, 86: 607-14.
Blum, A. Ebercon, A. (1981). Estabilidade da membrana celular como

medida de tolerância à seca e ao calor no trigo. Crop Science. 21: 43 - 47.
Blumwald, E. (2000). Transporte de sódio e tolerância ao sal nas plantas. Opinião atual em biologia celular, 12: 431-434.
Bohnert, H. J. e Jensen, R. G. (1996). Estratégias para a engenharia da água - tolerância ao stress nas plantas. Trends Biotechnol, 14: 89 - 97.
Botti,C.; Palzkill, D. e Prat, L. (1998). Caracterização morfológica e anatómica de seis clones de jojoba em locais salinos e não salinos. Ind. Crops Prod., 9: 53-62
Boyer, J. S. (1982). Produtividade das plantas e ambiente. Journal of Experimental Botany Science, 218: 443-448.
Boyle, R. (1996). Life or death for the Salton Sea (the plight of California's other worldly sea). Smith, 27: 86-96.
Brooks, W. H. (1978). Jojoba - um arbusto do deserto da América do Norte; sua ecologia, possível comercialização e potencial como introdução em outras regiões áridas. J. Arid Environ, 1:227-236.
Brown, J. (1994). A indústria da jojoba, uma situação e atualização, o Processo da 3rd Conferência Internacional sobre Novas Culturas e Produtos Industriais e a 9ª Conf. Conf. on Jojoba and Its Uses, Argentina, 25-30 de setembro.
Brown, J.; Arquette, J. e Reinhardt, J. (1996). Ésteres de jojoba; uma nova família de emolientes cosméticos. Catamarca, Argentina. 100-103.
Burgnoli, E. e Lauteri, M. (1991). Effect of salinity on stomatal conductance, photosynthetic capacity, and carbon isotope discrimination of salt-tolerant *Gossypium hirsutum* L. and salt sensitive *Phaseolus vulgaris* L. C3 non halophytes. Plant Phsiol., 95: 628-635.
Cachorro, P.; Ortiz, A. e Cerda, A. (1994). Implicações da nutrição de cálcio na resposta de *Phaseolus vulgaris* L à salinidade. Plant Soil, 159: 205-212.
Canoira, L. ; Alcántara, R. ; García - Martínez, M. e Carrasco, J. (2006).
Biodiesel de cera de óleo de jojoba. Transesterificação com metanol e propriedades como combustível, Biomass and Bioenergy. 30 (1): 76 - 81.
Castellanos, A. E. e Molina, F. E. (1990). Sobrevivência diferencial e estabelecimento em *Simmondsia chinensis* (jojoba). Journal of Arid Environments, 19: 65-76.
Chandra, R. e Mishra, M. (2003). Comprehensive Micropropagation of Horticultural Crops (Micropropagação abrangente de culturas hortícolas). International Book Distributing Co., Lucknow, U.P. Índia.
Chaparzadeh, N.; D'amico, M. L.; Khavari-Nejad, R. A.; Izzo, R. e Navari-Izzo, F. (2004).Antioxidative responses of *Calandula officinalis* under salinity conditions. Plant Physiol. Biochem., 42: 695-701.
Cha-um, S. e Kirdmanee, C. (2009). Efeito do stress salino na acumulação de prolina, capacidade fotossintética e caracteres de crescimento em duas cultivares de milho. Pak. J. Bot., 41: 87-98.
Cha-um, S.; Takabe, T.; e Kirdmanee, C. (2010). Conteúdo de iões, fuga

relativa de electrólitos, acumulação de prolina, capacidades fotossintéticas e caracteres de crescimento de plântulas de palmeira de óleo em resposta ao stress salino. Pak. J. Bot, 42(3): 2191-2200.

Chavan, P. e Karadge, B. A. (1980). Influência da salinidade na nutrição mineral do amendoim (*Arachis hypogea*). Planta e Solo, 54: 5-13.

Chen, C. C. S. e Plant A. L. (1999). Síntese de proteínas induzida por sal em raízes de tomate: o papel do ABA. Journal of Experimental Botany, 50: 677 - 687.

Chen, C. T.; Li, C. C. e Koa, C. H. (1991). Senescência de folhas de arroz. Alterações dos teores de clorofila, proteínas e poliaminas e produção de etileno durante a senescência de um mutante deficiente em clorofila. J. Plant Growth Reg., 10: 201-205.

Chen, W. P.; Li, P. H. e Chen, T. H. H. (2000). Glycinebetaine aumenta a tolerância ao frio e reduz a peroxidação lipídica induzida pelo frio em *Zea mays*. Plant Cell Environ. 23: 609-18.

Chookhampaeng, S.; Pattanagul, W. e Theerakulpisut, P. (2008). Efeitos da salinidade no crescimento, atividade das enzimas antioxidantes e teor de sacarose no tomate (*Lycopersicon esculentum Mill.*) na fase reprodutiva. Science Asia, 34: 069075.

Chutipaijit, S.; Cha-Um, S.; e Sompornpailin, K. (2009). Acumulações diferenciais de prolina e flavonóides em variedades de arroz indica contra a salinidade. Pakistan Journal of Botany, 41(5): 2497-2506.

Clarkson, D. T. (1991). Estrutura da raiz e locais de absorção de iões. Em Plant Roots: The Hidden Half, ed. Y. Waisel, A Eshel, U. Kafkafi, pp. 417 - 454.

Coates, W. e Yazici, E. (1991). Dispositivo pneumático para a colheita de sementes de jojoba. Transacções da ASAE 34: 2304-2308.

Cramer, G. R.; Epstein, E. e Lauchli, A. (1989). Interação Na-Ca em plântulas de cevada: Relações com o transporte de iões e o crescimento. Plant Cell Environ, 12: 551558.

Cushman, J. C. (2001). Osmoregulação em plantas. Implicações para a agricultura. Am. Zool, 414: 758-769.

Daniels, C. H. (2003). Laboratórios analíticos e consultores ao serviço da agricultura no Noroeste do Pacífico.

Dhanapackiam, S. e Muhammad Ilyas, M. H. (2010). Effect of salinity on chlorophyll and carbohydrate contents of Sesbania grandiflora seedlings (Efeito da salinidade nos teores de clorofila e hidratos de carbono das plântulas de Sesbania grandiflora). Indian Journal of Science and Technology, 3(1): 64 - 66.

Dhindsa, R. S.; Pumb-Dhindsa, P. e Thorpe, T. A. (1981). Senescência das folhas: Correlacionada com o aumento dos níveis de permeabilidade da membrana e peroxidação lipídica, e diminuição dos níveis de superóxido dismutase e catalase. J. Exp. Bot., 126: 93 - 101.

Djibril, S.; Mohamed, O. K.; Diaga, D.; Diégane, D.; Abaye, F. B.; Maurice, S. e Alain, B. (2005). Crescimento e desenvolvimento de plântulas de tamareira (*Phoenix dactylifera* L.) sob stress de seca e salinidade. Afri. J. Biotechnol, 4: 968-972.

Dunstone, R. (1990). Jojoba (*Simmondsia chinensis*). Plant Varieties Journal, 3:14-16.

Dunstone, R. (1991). Jojoba (*Simmondsia chinensis*) variedade: "Wadiwadi". Plant Varieties Journal, 4: 19-20.

Durai, R. (2006). Abordagens fisiológicas para aliviar a seca na cana-de-açúcar. Cooperative sugar. 37(10): 31-33.

Eaton, D. R. (1965). The nuclear magnetic resonance of some paramagnetic transition metal acetylacetonates. Journal of the American Chemical Society, 87(14): 30973102.

Edris, A. E. A.; Shalaby, H. M. e Fadel (2003). Efeito das práticas de agricultura biológica nos componentes voláteis do aroma de algumas plantas oleaginosas essenciais cultivadas no Egito II: óleo essencial de manjerona doce (*Origanum marjorana,* L.). Flavour and Fragrance J., 18(4): 345-351.

Edward, P.; Glenn e Jed Brown, J. (1999). tolerância ao sal e potencial de cultivo de halófitas. Revisões Críticas em Ciências Vegetais, 18(2): 227-255.

El Moguy, N. (2002). Jojoba, a esperança de ouro verde para o desenvolvimento do deserto egípcio. Reunião do grupo de peritos sobre o reforço da competitividade através da promoção de abordagens inovadoras nas pequenas e médias empresas, Manama. p: 10 - 12.

El-Hady, S. (2005). Melhoria da composição química e do rendimento de óleos e frutos de sementes de anis (*Pimpinella anisum*, L.) por reguladores de crescimento. Anais de Ciências Agrícolas. Faculdade de Agricultura, Universidade Ain Shams, Cairo, 50(1): 15-29.

Elkahoui, S.; Hernandez, J. A.; Abdelly, C.; Ghrir, R. e Limam, F. (2005). Efeitos do sal na peroxidação lipídica e nas actividades enzimáticas antioxidantes das células em suspensão de *Catharanthus roseus*. Plant Sci., 168: 607-613.

El-Tayeb, M. A. (1991). Efeito da aplicação de ácido ascórbico, piridoxina ou metionina em algumas plantas cultivadas sob stress de seca. Tese de Doutoramento, Assiut. Univ., Qena, Egito, 1230.

Fales, F. W. (1951). A assimilação e degradação de hidratos de carbono por células de levedura. J Biol. Chem., 1 (93): 113-118.

Farghly, A. F. (2001). Resposta fisiológica de algumas cultivares ao stress de salinidade. Tese de Mestrado, Assiut. Univ. Assiut. Egito, 1-206.

Flowers, T. J. e Yeo, A. R. (1992). Solute Transport in Plants (Transporte de Soluto em Plantas). Glasgow, Escócia: Blackie.176 pp.

Flowers, T. J.; Troke, P. F. e Yeo, A. R. (1977). O mecanismo de tolerância ao sal em halófitas. Annu. Rev. Plant Physiol. 28: 89-121.

Flowers, T. J.; Garcia, A.; Koyama, M. e Yeo, A. R. (1997). Reprodução para tolerância ao sal em plantas cultivadas: O papel da biologia molecular. Ata Physio. Plantarum, 19: 427-433.

Foda, H. M. S. (1986). Estudos fisiológicos sobre a resposta de algumas plantas à salinidade e a reguladores de crescimento. Tese de Doutoramento, Fac. Sci., Al-Azhar Univ. Girls Branch, Cairo, Egito.
Foster, K. E. (1980). Consequências ambientais de uma indústria baseada na colheita de jojoba, um arbusto selvagem do deserto. Bioscience J., 30: 255-258.
Frechilla, S.; Lasa, B.; Aleu, M.; Juanarena, N.; Lamsfus, C. e Aparicio-Tejo, P. M. (2002). O fornecimento de amónio a curto prazo estimula a atividade da glutamato desidrogenase e a respiração de vias alternativas em raízes de plantas de ervilha. J. Plant Physiol, 159: 811-818.
Gad, R. A. A. (2005). Physiological responses of *Vicia faba* plants to Brassinolide and Jasmonic acids Tese de Mestrado, Women' s College, Ain Shams Univ. Cairo, Egito.
Gadallah, M. A. A. (1999). Effects of proline and glycinebetaine on *Vicia faba* response to salt stress. Biol. Plant, 42: 249-257.
Ghassemi, F.; Jakeman, A. e Nix, H. (1995). Salinização da Terra e dos Recursos Hídricos: Human Causes, Extent, Management and Case Studies (Causas Humanas, Extensão, Gestão e Estudos de Caso). University of South Wales Press, Sydney, Austrália.
Ghoulam, C.; Foursy, A. e Fares, K. (2002). Efeitos do stress salino no crescimento, iões inorgânicos e acumulação de prolina em relação ao ajustamento osmótico em cinco cultivares de beterraba sacarina. Environ. Exp. Bot., 47: 39-50.
Girija, G.; Smith, B.N. e Swamy, P. M. (2002). Interactive effects of sodium chloride and calcium chloride on the accumulation of proline and glycine betaine in peanut (*Arachis hypogea* L.). Environ. Exp. Bot., 47: 1-10.
Glenn, E. P. (1987). Relação entre a acumulação de catiões e o teor de água de gramíneas tolerantes ao sal e de um junco. Plant Cell Environ, 10: 205-212.
Glenn, E. P.; Brown, J. J. e Blumwald, E. (1999). Tolerância ao sal e potencial de cultivo de halófitas. Crit. Rev. Plant Sci., 18: 227-255.
Greenway, H. e Munns, R. (1980). Mechanisms of salt tolerance in non halophyte (Mecanismos de tolerância ao sal em plantas não halófitas). Ann. Rev. Plant Physiol, 31: 149-190.
Grundon, N. J. (1987). Hungry crops a guide to nutrient deficiencies in field crops (Culturas famintas - um guia para deficiências de nutrientes em culturas de campo). Departamento de Indústrias Primárias de Queensland: Brisbane.
Hakim, M. A.; Juraimi, A. S.; Begum, M.; Hanafi, M. M.; Ismail, M. R. e Selamat, A. (2010). Efeito do stress salino na germinação e no crescimento inicial das plântulas de arroz (*Oryza sativa* L.). Afr. J. Biontechnol, 9: 1911-1918.
Hamada, A. M. e El-Enany, A. E. (1994). Efeito da salinidade do NaCl no crescimento; conteúdo de pigmentos e elementos minerais, e trocas

gasosas de plantas de fava e ervilha. Biol. Plant, 36: 75-81.
Hameed, A.; Naseer, S.; Iqbal, T.; Syed, H. e Haq, M. A. (2008). Efeitos da salinidade do NaCl no crescimento das plântulas, na senescência, nas actividades da catalase e da protease em dois genótipos de trigo que diferem na tolerância ao sal. Pak. J. Bot., 40(3): 1043-1051.
Hanson, A. D. e Hitz, W. D. (1982). Resposta metabólica dos mesófitos aos défices hídricos das plantas. Revisão Anual de Fisiologia Vegetal, 33: 163-203.
Hare, P. D.; Cress, W. A. e Van Staden, J. (1999). Proline synthesis and degradation: a model system for elucidating stress related signal transduction (Síntese e degradação da prolina: um sistema modelo para elucidar a transdução de sinais relacionados com o stress). J. Exp. Bot., 50: 413-34.
Hart, J. M. (2008). Laboratories serving Oregon: soil, water, plant tissue, and feed analysis. Corvallis, Or.: Serviço de Extensão, Universidade do Estado do Oregon.
Hasegawa, P. M.; Bressan, R. A. e Zhu, J. K. (2000). Respostas celulares e moleculares das plantas à alta salinidade. Annu. Rev. of Plant Physiol. Plant Mol. Biol., 51: 463499.
Hauser, F. e Horie, T. (2010). Um mecanismo conservado de tolerância primária ao sal mediado por transportadores HKT: um mecanismo para a exclusão de sódio e a manutenção de um rácio K/Na elevado nas folhas durante o stress por salinidade. Plant Cell Environ, 33: 552-565.
Hayat, S.; Ahmed, A.; Mobin, M.; Fariduddin, Q. e Azam, Z. M. (2001). Anidrase carbónica, fotossíntese e rendimento de sementes em plantas de mostarda tratadas com fitohormonas. Photosynthetica, 39: 111-114.
Hefni, H. M.; El Debaby, A.; Shalaby, A. A.; Kishk, E. T. e Hassan, H. K. H. (1984). Regulador de crescimento em relação ao crescimento e melhoria do rendimento das plantas de cevada que crescem em condições salinas (inst. adeserto) Bull. ARE, 81-100.
Hegarty, T. W. (1978). The physiology of seed hydration and dehydration, and the relation between water stress and the control of germination: a review. PlantCell and Environment, 1: 101-119.
Hela, M.; Olfa, B.; Imen, B. S.; Nawel, N.; Abidi, W.; Huang, J. e Ouerghi, Z. (2012). O aumento da acumulação de peróxido de hidrogénio na raiz está associado a enzimas antioxidantes reduzidas sob salinidades isoosmóticas de NaCl e Na2SO4. Jornal Africano de Biotecnologia, 11(34): 8500-8509.
Hellebust, J. A. (1976). Osmoregulation. Annu. Rev. Plant Physiol, 27: 485-505.
Hemada, M. (2004). Respostas fisiológicas de três cultivares de trigo (*Triticum aestivum* L.) cultivadas sob stress salino. El-Minia Sci. Bull. Egito, 15: 389-410.
Horie, T. e Schroeder, J. I. (2004). Transportadores de sódio em plantas.

Diversos genes e funções fisiológicas. Plant Physiol, 136: 2457-2462.
Horie. T. ; Hauser, F. e Schroeder, J. I. (2009). Mecanismos de resistência à salinidade mediados pelo transportador HKT em Arabidopsis e plantas monocotiledôneas. Trends Plant Sci. 14: 660-668.
Horie, T. ;Karahara, I. e Katsuhara, M. (2012). Mecanismos de tolerância à salinidade em glicófitas: Uma visão geral com foco central nas plantas de arroz. The Rice Journal 5(1): 1-18.
Horneck, D. A.; Ellsworth, J. W.; Hopkins, B. G.; Sullivan, D. M. e Stevens, R.
G. (2007). Managing salt-affected soils for crop production. [Covallis, Or.]: Serviço de Extensão da Universidade do Estado do Oregon.
Hossain, Z.; Mandal, A. K. A.; Shukla, R. e Datta, S. K. (2004). Stress de NaCl - seus efeitos cromotóxicos e comportamento antioxidante em raízes de *Chrysanthemum morifolium* Ramat. Plant Sci., 166: 215-220.
Hothem, R. e Ohlendorf, H. (1989). Contaminantes em alimentos de aves aquáticas no reservatório de Kesterton, Califórnia. Arch. Environ. Contam. Toxicol., 18: 773-786.
Houda, G., Mohamed N. G. e Bruno, T. (1994). Efeitos do NaCl nos fluxos de N2 e iões minerais e na taxa de redução de NO3 em plantas inteiras de feijão sensível ao sal e algodão tolerante ao sal. Plant Physiol. ,105: 1409-1418.
Hurkman, W. J.; Tanaka, C. K. e DuPont F. M. (1988). The effects of salt stress on polypeptides in membrance fractions from barley roots. Plant Physiol, 88: 1263-73.
Incerti, A.; Izzo, R.; Belligno, A. e Navari-Izzo, F. (2008). Efeitos da água do mar na produção de antioxidantes em bagas de três cultivares de tomate (*Lycopersicoes culentum* Mill.). Biosaline Agriculture and High Salinity Tolerance. P: 44-51.
Iqbal, M.; Ashraf, M.; Jamil, A.; e Rehman, S. (2006). Does seed priming induce changes in the levels of some endogenous plant hormones in hexaploid wheat plants under salt stress. J. Integrative Plant Biol., 48: 181-189 .
Ismail, A. M. A. (1988). O papel ecológico e agronómico do polimorfismo de sementes em *Simmondsia chinensis*. Journal of Arid Environments, 14: 35-42.
Izzo, R. F.; Narvari-Izzo, e Quartacci, M. F. (1989). Crescimento e conteúdo mineral de raízes e brotos de plântulas de milho em resposta ao aumento do déficit hídrico induzido por soluções de PEG. J. Plant Nutrition, 12: 1175.
Izzo, R. F.; Narvari-Izzo, e Quartacci, M. F. (1991).Crescimento e absorção de minerais em plântulas de milho afetados por concentrações crescentes de NaCl. J. of Plant Nutrition, 14: 687-701.
Izzo, R.; Incerti, A. e Beertolla, C. (2008). Irrigação com água do mar: Efeitos no crescimento e absorção de nutrientes de plantas de girassol. In: Agricultura bio-salina e olerância de alta salinidade. P. 61-69.

Jackson, M. L. (1958): Soil Chemical Analysis. Printce-Hall, Inc., Englewood Cliffs, N.J.
Jacoby, B. (1994). Mechanisms involved in salt tolerance by plants. Pessarakli M (ed) Handbook of Plant and Crop Stress. Marcel Dekker, Nova Iorque, pp. 97-124
Jaleel, C. A. ; Gopi, R. ; Manivannan, P. e Pannerselvam, R. (2007). Respostas do sistema de defesa antioxidante de *Catharanthus roseus* (L.) G. Don. ao tratamento com paclobutrazol sob salinidade. Ata. Physiol. Plantarum, 29: 205-209.
Jeyaramraja, P. R.; Meenakshi, S. N.; Kumar, R. S.; Joshi, S. D. e Ramasubramanian, B. (2005). Danos oxidativos induzidos por défice hídrico em plantas de chá (*Cmellia sinensis*). J. Plant Physiol, 162: 413-419.
Johnson, C. M. e Ulrich, A. (1950). Determinação de nitrato em material vegetal. Analytical Chemistry, 22(12): 1526-1529.
Karimi, G.; Ghorbanli, M.; Heidari, H.; Khavarinejad, R. N. e Assareh, M. H. (2005). O efeito do NaCl no crescimento, relações hídricas e osmólitos e conteúdo de iões em Kochi prostrata. Biol. Plant, 49: 301-304.
Katerji, N.; Van, H. J. W.; Hamdy, A. e Mastrorilli, M. (2004). Comparação da resposta do rendimento do milho ao stress hídrico das plantas causado pela salinidade e pela seca. Agric. Water Manage, 65: 95-101.
Kavitha, P. G.; Miller, A. J.; Mathew, M. K.; e Maathuis, F. J. M. (2012). As cultivares de arroz com diferentes tolerâncias ao sal contêm canais catiónicos semelhantes nas suas células radiculares. J. Exp. Bot., 63: 3289-3296.
Kaya, C.; Kirnak, H. e Higgs, D. (2001). Aumento do crescimento e dos parâmetros normais de crescimento através da aplicação foliar de potássio e fósforo em cultivares de tomate cultivadas em alta salinidade (NaCl). J. Plant Nutr., 24: 357-367.
Kaya, C.; Ashraf, M.; Dikilitas, M. e Tuna, A. L. (2013). Alívio dos efeitos adversos induzidos pelo stress salino nas plantas de milho através da aplicação exógena de ácido indolacético (IAA) e nutrientes inorgânicos - um ensaio de campo, 249-254.
Khan, M.A. (2001). Avaliação experimental da tolerância à salinidade de plântulas e mudas de *Ceriops tagal* do delta do Indo. Pakistan Aquat. Bot., 70: 259-268.
Khan, M. A.; Ungar, I. A. e Showalter, A. M. (2000). Efeitos dos tratamentos com cloreto de sódio no crescimento e acumulação de iões do halófito *Haloxylonre curvum*. Commun. Soil Sci. Plant Anal., 31: 2763-2774.
Khan, M. A.; Ungar, I. A. e Showalter, A. M. (1999). Efeitos da salinidade no crescimento, conteúdo de iões e relações osmóticas em *Halopyrum mucronatum* (L.) Stapf. J. Plant Nutr., 22: 191-204.

Khedr,; Abdel Hamid A.; Mohammad A.; Abbas,; Amal A.; Abdel Wahid, W.;
Paul, Q.; Gaber M. e Abogadallah (2003). A prolina induz a expressão de proteínas que respondem ao stress salino e pode melhorar a adaptação de *Pancratiumm aritimum* L. ao stress salino. Journal of Experimental Botany, 54: 2553-2562.
Kinraide, T. B. (1999). Interações entre Ca^{2+}, Na^{+} e K^{+} na toxicidade da salinidade: resolução quantitativa de múltiplos efeitos tóxicos e de melhoria. J. Experimental Botany, 338: 1496-1505.
Kishk, H. T. e Shalaby, A. A. (1983). Efeito do cloreto de (2-cloroetil) trimetilo amónio e do ácido 2,4-diclorofinoxiacético (2,4-D) na tolerância ao sal de *vigna sinesis* L. em solo calcário. 1st Conf. de Agron, 1973, Egito. Soc. Of Crop. Sci.
Knuteson, J. A.; Richardson, J. L.; Patterson, D. D. e Prunty, L. (1989). Carbonatos pedogénicos num calciaquoll associado a uma zona húmida de recarga. Soil Sci. Soc. Am. J. 53: 495-499.
Kong-Ngerna, K., ; Sakda Daduang, b. ; Chaisiri Wongkham, c. ; Sumontip Bunnag, a. ; Manit Kosittrakuna e Piyada heerakulpisuta (2005). Perfis proteicos em resposta ao stress salino em bainhas de folhas de plântulas de arroz. Science Asia, 31: 403-408.
Kremer, P. e Van Andel, J. (1995). Aspectos evolutivos das formas de vida nas famílias de angiospermas. Ata Bot. Neerlandica, 44 (4): 469-479.
Krinsky, N. I. (1978). Funções não-fotossintéticas dos carotenóides. Philosophical Transactions of the Royal Society of London. B, Ciências Biológicas, 284 (1002): 581-590.
Krishnamurthy, R.; Anbazhagan, M. e Bhagwat. K. A. (1987). Efeito da toxicidade do NaCl na decomposição da clorofila no arroz. Indian J. Agric. Sc. 57: 567-570.
Kukreja, S.; Nandwal, A. S.; Kumar, N.; Sharma, S. K.; Unvl, V. e Sharma, P. K. (2005). Estado hídrico da planta, enzimas de varrimento de H2O2, evolução do etileno e integridade da membrana das raízes de *Cicer Arietinum* afectadas pela salinidade. Biol. Plant, 49: 305-308.
Kumar, S. G.; Reddy, A. M. e Sudhakar, G. (2003). NaCl effects on proline metabolism in two high yielding genotypes of mulberry (*Morus alba* L.) with contrasting salt tolerance. Plant Sci., 165: 1245-1251.
Kumari, A., Chikara, J. e Iyengar, E. R. R. (1991). Variabilidade em *Simmondsia chinensis* em condições semiáridas. Indian Journal of Genetics and Plant Breeding, 51: 85-88.
Kurniadie, D. e Redmann, R. E. (1999). Crescimento e acumulação de Cl em cultivares de soja tratadas com excesso de KCl em cultura de solução. Commun Soil Sci. Plant Anal., 30: 699-709.
Laemmli, U. K. (1970). Clivagem de proteínas estruturais durante a montagem da cabeça do bacteriófago T4, Nature. 227: 680 .
Lascano, H. R.; Melchiorre, M. N.; Luna, C. M. e Trippi, S. V. (2003). Efeito do stress fotoxidativo induzido pelo paraquat em duas cultivares de

trigo com diferentes tolerâncias ao stress hídrico. Plant Sci., 164: 841-848.

Latha, R.; Rao, C. S.; Subramaniam, H. M. S.; Eganathan, P.; Swarninathan, C. S. (2004). Abordagens de melhoramento para tolerância à salinidade - um estudo de caso sobre *Porteresia coarctata.* Ann. Appl. Biol., 144:177-184.

Le-Houerou, H. N. (1993). Plantas tolerantes ao sal para as regiões áridas da zona isoclimática mediterrânica. In Towards the Rational Use of High Salinity Tolerant Plants. Vol. (1): p. 403-422.

Lerner, H. R.(1999). Introdução à resposta das plantas a stresses ambientais. Em Plant Responses to Environmental Stresses. From phytohormons to genome reorganization. Marcel Dekker AG.

Li, X. G.; Li, F. M.; Ma, Q. F. e Cui, Z. J. (2006). Interações de NaCl e Na2SO4 na mineralização do C orgânico do solo após a adição de palhas de milho. Soil Biol. Biochem., 38: 2328-2335.

Li, H.; Li, F.; Wang, L.; Sheng, J.; Xin, Z.; Zhao, L. e Hu, Q. (2009). Efeito da nano-embalagem na qualidade de preservação da jujuba chinesa (< i> Ziziphus jujuba Mill.</i> var< i>. inermis (Bunge) Rehd</i>). Química alimentar, 114(2), 547-552.

Lichtenthaler, H. K. (1987). Chlorophylls and carotenoids: pigments of photosynthetic biomembranes. Methods enzymol, 148: 350-382.

Lin, C. C. e Kao, C. H. (1996). A acumulação de prolina está associada à inibição do crescimento da raiz de plântulas de arroz causada pelo NaCl. Plant Sci., 114:121-128.

Lopez, F.; Vansuyt, G.; Fourcroy, P. e Casse-Delbart, F. (1994). Acumulações de uma proteína 22-kda e do seu mRNA em folhas de *Raphanus sativus* em resposta ao stress salino ou ao défice hídrico. Plant, 91: 605- 614.

Lowry, O. H.; Rosebrough, N. J.; Farr, A. L. e Randall, R. J. (1951). Medição de proteínas com os reagentes Folin-Phenol. J. Biol. Chem., 193: 265-275.

Lutts, S.; Kinet, J. M. e Bouharmont, J. (1995). Alterações na resposta da planta ao NaCl durante o desenvolvimento de variedades de arroz (*Oryza sativa* L.) que diferem na resistência à salinidade. J. Exp. Bot., 46: 1843-1852.

Lynch, J. e Lauchli, A. (1984). Potassium transport in salt-stressed barley roots (Transporte de potássio em raízes de cevada com stress salino). Planta 161 : 295-301.

Maas, E. V.; Grattan, S. R.; Skaggs, R. W. e Schilfgaardc, J. V. (1999). O rendimento das culturas afetado pela salinidade. Agricultural drainage,. 55-108.

Madan, S.; Naianwatee, H. S.; Jain, S.; Jain, R. K.; Malik, M. S. e Chowdhury, J.

B. (1994). Alterações dependentes da posição da folha na prolina, atividade da pirolina 5-carboxilato redutase, relação hídrica sob stress salino em clones soma geneticamente estáveis e tolerantes ao sal de *Brassica juncea*

L. Plant Soil, 163: 151-156.
Mahmoued, M. D. (2004). Desequilíbrio metabólico e tolerância à salinidade de duas cultivares de milho. Tese de Mestrado. El-Minia Univ. El-Minia, Egito, 1-195.
Maibangsa, S.; Thanjaraj, M. e Roy, S. (1999). Alleviation of low irradiance stress in rice (*Oryza sativa* L.) by growth regulators. Annals of Plant Physiol. 13(2): 133-142.
Maiti, R. S.; Kousik, H.; González Rodríguez, D. e Rajkumar, P. (2010). Tolerância ao sal de híbridos de milho-doze na fase de plântula. Ata Agronomica Hungortica 8: 21-29.
Manivannan, R.; Jaleel, C. A.; Kishorekumar, A.; Sankar B.; Somasundaram, R. Sridharan, R., e Panneerselvam, R., (2007). Alterações induzidas pelo propiconzol no metabolismo antioxidante e melhoria do stress da seca em *Vignaunguiculata* (L.) Walp. Colloids Surfaces, 57: 69-74.
Mansour, M. M. F. (2000). Compostos contendo nitrogénio e adaptação das plantas ao stress da salinidade. Biol. Plant, 43: 491-500.
Mansour, M. M. F.; Salama, K. H. A.; Ali, F. Z. M. e Hadid, A. F. A. (2005). Respostas de células e plantas ao NaCl em cultivares *de Zea mays*, L. que diferem na tolerância ao sal. Gen. Appl. Plant Physiol., 31: 29-41.
Marler, T.E. e Zozor, Y. (1996). Salinity influences photosynthetic characteristic, water relation and foliar mineral composition *Annona squamosa* L. J. Amer. Soc. Hort. Sci., 121: 243-248.
Marschner, H. (1995). Mineral nutrition in higher plants. Academic Press, Londres, Nova Iorque, P.861.
Matsui, M.; Hose, J. E.; Garrahan, P. e Jordan, G. A. (1992). Defeitos de desenvolvimento em embriões de peixes do Mar de Salton, Califórnia. B. Environ. Contam. Toxicol., 48: 914-920.
Matsushita, N. e Matoh, T. (1992). Caracterização dos mecanismos de exclusão de Na+ de plantas de cana tolerantes ao sal em comparação com plantas de arroz sensíveis ao sal. Physiol. Plant, 83: 170-176.
Maurel, C.; Verdoucq, L.; Luu, D. T e Santoni, V. (2008). Aquaporinas de plantas: canais de membrana com múltiplas funções integradas. Annu Rev. Plant Biol., 59: 595-624.
Meloni, D. A. e Oliva, M. A. (2003). Fotossíntese e atividades da superóxido dismutase, peroxidase e glutationa redutase em algodão sob estresse salino. Environ. Exp. Bot., 49: 69-76.
Meloni, D. A.; Oliva, M. A.; Ruiz, H. A. e Martinez, C. A. (2001). Contribuição da prolina e dos solutos inorgânicos para o ajustamento osmótico no algodão sob stress salino. J. Plant Nutr. 24: 599-612.
Menezes-Benavente, L.; Kernodle, S. P.; Margis-Pinheiro, M. e Scandalios, J. G. (2004). Defesas do metabolismo antioxidante induzidas pelo sal em plântulas de milho (*Zea mays* L.). Redox Repor. 9: 29-36.
Milthorpe, P. L. (1989). O potencial da jojoba (*Simmondsia chinensis*) em New South Wales: 2. Alguns factores que afectam o rendimento.

Australian Journal of Experimental Agriculture, 29: 389-395.
Miwa, T. K. e Spencer, G. F. (1976). Composição do óleo de jojoba de frutos secos colhidos em diferentes regiões geográficas. Em Proc. 2nd Int. Conf. sobre Jojoba e seus usos. 1012 Fev., CNCT, Ensenada, Baja California Norte, México; 1976.
Moghaieb, R. E. A.; Saneoka, H.e Fujita, K. (2004). Efeito da salinidade no ajustamento osmótico, acumulação de glicina-betaína e expressão do gene da betaína aldeído desidrogenase em duas plantas halófitas, *Salicornia europaea* e *Suaeda maritime.* Plant Sci., 166: 1345-1349.
Muhammed, S.; Akbar, M. e Neue, H. U. (1987). Efeito dos rácios Na/Ca e Na/K em solução de cultura salina no crescimento e nutrição mineral do arroz (*Oryza sativa* L.). Plant Soil. 104: 57-62.
Mulholland, B. J.; Taylor, I. B.; Jackson, A. C. e Thompson, A. J. (2003). Can ABA mediate responses of salinity stress tomato. Environ. Exp. Bot., 50:17-28.
Munns, R. (1993). Processos fisiológicos que limitam o crescimento das plantas em solos salinos: alguns dogmas e hipóteses. Plant, Cell and Env., 16: 15-24.
Munns, R. (2005). Genes and salt tolerance: bringing them together. New Phytol.,167: 645-63.
Munns, R. e Tester, M. (2008). Mechanisms of salinity tolerance (Mecanismos de tolerância à salinidade). Annu Rev. Plant Biol., 59: 651-681.
Munns, R. e Termaat, A. (1986).Respostas de toda a planta à salinidade. Aust. J. Plant Physiol, 13: 143-160.
Munns R.; James R. A. e Lauchli A. (2006). Approaches to increasing the salt tolerance of wheat and other cereals. Journal of Experimental Botany, 57: 10251043.
Muthana, K. D.(1981). Jojoba: um arbusto do deserto que produz óleo. Indian Farming 31:28-31.
Nabil, M. e Coudret, A. (1995). Efeito do cloreto de sódio na elasticidade do tecido de crescimento e no ajuste de soluto em duas subespécies de *Acacia nilotica*. Physiol. Planta, 93: 217224.
Nafie, E. M. e El-Khallal, S. M. (2000). Efeito da aplicação de brassinolida no crescimento, em certas actividades metabólicas e no rendimento do tomate. Egito J. Physiol. Sci., 24(1): 103 - 117.
Nafie, E. M. e El-Khallal, S. M. (2001): Efeito da brassinolida no metabolismo do azoto e no nível de ácidos nucleicos em plantas de tomate. Egito J. Biotechnol, 9: 3038.
Naheed, G.; Shahbaz, M.; Latif, C. A. e Rha, E. S. (2007). Alívio dos efeitos adversos do stress salino no arroz (*Oryza sativa* L.) pelo fósforo aplicado através do meio de enraizamento: caraterísticas de crescimento e de trocas gasosas. Pak. J. Bot., 39: 729-737.
Nelson, D. E.; Shen, B. e Bohnert, H. J. (1998). Tolerância à salinidade - mecanismos, modelos e a engenharia metabólica de caraterísticas

complexas. Em *Genetic Engineering* Principles and Methods, ed. JK Setlow, 20:153. JK Setlow, 20:153-76. New York: Plenum.
Niklas, K. J. e Buchmann, S. L. (1985). Aerodinâmica da polinização pelo vento em *Simmondsia chinensis* (Link) Scheider. American Journal of Botany, 72: 530-539.
Nimir, M. N. e Ali-Dinar, H. M. (1991). Jojoba, uma nova cultura de rendimento em terras marginais. Ata Horti culturae, 270: 369-372.
Niu, X.; Bressan, R. A.; Hasegawa, P. M. e Pardo, J. M. (1995). Ion homeostasis in NaCl stress environments. Plant Physiol, 109: 735-742.
Nord, E. C. e Kadish, A. (1974). *Simmondsia chinensis* (Link.) C. K. Schneid., jojoba. Sementes de plantas lenhosas nos Estados Unidos. Agric., p: 774-776.
Ogle, D. G. e Daniel, G. (1994). Salt Tolerant Plants. USDA. Serviço de Conservação de Recursos Naturais. Boise, Idaho. Idaho Technical Note No. 9. p 7.
Ogle, D. G. ;John, L. S. t. e Stange, C. (2007). Plantação de árvores, cuidados e gestão. USDA. Serviço de Conservação de Recursos Naturais. Boise, Idaho. Nota técnica nº 43- p 30.
Okuma, E.; Murakami, Y.; Shimoishi, Y.; Tada, M. e Murata, Y. (2004). Efeitos da aplicação exógena de prolina e betaína no crescimento de células cultivadas de tabaco em condições salinas. Soil and Plant Nutrition, 50: 1301-1305.
O'Leary, J. e Glenn, E. (1994). Global distribution and potential for halophytes. In: Halophytes as a Resource for Livestock and for Rehabilitation of Degraded Land. P: 7-17.
O'Mahony, P. J. e Oliver, M. J. (1999). The involvement of ubiquitin in vegetative desiccation tolerance. Plant Molecular Biology, 41: 657±667.
Omran, F. M. (2000). Tolerância ao stress salino de duas plantas cultivadas na fase inicial das plântulas.
Tese de Mestrado, Assiut. Univ., Assiut, Egito, 1-167.
Ong, C. e Tanji, K. (1993). Concentração evaporativa de elementos vestigiais num tanque de evaporação agrícola multicelular. J. Agri. Food Chem., 41: 1507-1510.
Ong, C.; Tanji, K.; Dahlgren, R.; Smith, G. e Quek, A. (1995). Qualidade da água e evapoconcentração de oligoelementos em tanques de evaporação para eliminação de águas residuais agrícolas. J. Agri. Food Chem., 43: 1941-1947.
Ono, E. O.; Nakamura, T.; Machado, S. R. e Rodrigues, J. D. (2000). Aplicação de brassinosteróide em plantas *de Tabebuia alba* (Bignoniaceae). Revista. Brasilrira. Fisiología. Vegetal., 12 (3): 187 - 194.
Orcutt, D. M. e Nilsen, E. T. (2000). The physiology of plants under stress: soil and biotic factors. John Wiley and Sons, Inc., Nova Iorque.
Orwa, C.; Mutua, A.; Kindt, R.; Jamnadass, R. e Anthony, S. (2009). Agroforestree Database: a tree reference and selection guideversion 4.0. http://www.worldagroforestry.org.

Osman, H. E. e Abo Hassan, A. A. (1998). Jojoba *(Simmondsia chinensis*): Um arbusto potencial no deserto da Arábia. IV. Efeito da irrigação salina no crescimento vegetativo, valores nutritivos e propriedades do solo. JKAU Metrolo Environ Aried L and Agric Sci.,9: 71-83.
Palzkill, D. A.; Younes, M. H. e Hogan, L. (1989). AT-1310, AT-1487 e AT-3365: germoplasma clonal de jojoba para uso hortícola. Hort Science, 24: 526-527.
Pan, L.; Olson, D. H.; Ciemnolonski, L. R.; Heddy, R., e Li, J. (2006). Separação de hidrocarbonetos com uma estrutura metal-orgânica microporosa. *Angewandte Chemie*, 118(4): 632-635.
Pardo, J. M.; Cubero, B. Leidi, E. O. e Quintero, F. J. (2006). Alkali cation exchangers: roles in cellular homeostasis and stress tolerance. J. Exp. Bot., 57: 1181-1199.
Parida, A. K. e Das, A. B. (2005). Tolerância ao sal e efeitos da salinidade nas plantas: A Rev. Ecotoxicol. Environ. Safety, 60: 324-349.
Parida, A.; Das, A.B. e Das, P. (2002). O stress de NaCl provoca alterações nos pigmentos fotossintéticos, proteínas e outros componentes metabólicos nas folhas de um verdadeiro mangue, *Bruguiera parviflora,* em culturas hidropónicas. J. Plant Biol., 45:28-36.
Panda, A. K.; Das, A. B. e Mittra, B. (2003). Effects of NaCl stress on the structure, pigment complex composition and photosynthetic activity of mangrove *Bruguiera parviflora* chloroplasts. Photosynthetica, 41: 191-200.
Parida, A. K.; Das, A.B. e Mittra, B. (2004). Efeitos do sal no crescimento, acumulação de iões, fotossíntese e anatomia foliar do mangue (*Bruguiera parviflora*). Trees-Struct. Funct., 18: 167-174.
Perez-Alfocea, F.; Santa-Cruz, A.; Guerrier, G. e Bolarin, M. C. (1994). NaCl stress-induced organic solute changes on leaves and calli of *Lycopersicon esculentum* L., *Pnnellii* and their interspecific hybrid. J. Plant Physiol, 143: 106111.
Popp, M.; Polania, J. e Weiper, M. (1993). Adaptações fisiológicas a diferentes níveis de salinidade no mangue. In: Lieth, H. e A. Masoom (eds.). Towards the Rational Use of High Salinity Tolerant Plants. Kluwer, Dordrecht, pp. 217-224.
Porgali, Z. B. (2001). The effect of Nacl type salt stress on the some metabolic events in salt sensitive and salt tolerant tomato plants, M.S. thesis, Inonu Univ., Malatya, Turkey.
Prat, D. e Fathi-Ettai, R. A. (1990). Variações nos componentes orgânicos e minerais em mudas jovens de Eucalyptus sob stress salino. Physiol. Planta, 79: 479-486.
Presser, T. (1994). O efeito Kesterton. Environ. Manag, 18: 437- 454.
Price, A. H. e Hendry, G. A. F. (1991). Formação de radicais de oxigénio catalisada pelo ferro e sua possível contribuição para os danos causados pela seca em nove gramíneas nativas e três cereais. Plant Cell Environ, 14: 477-484.

Qaderi, M. M.; Kurepin, L. V. e Reid, D. M. (2006). Crescimento e respostas fisiológicas da canola (*Brassica napus*) a três componentes das alterações climáticas globais: temperatura, dióxido de carbono e seca. Physiol. Plant, 128: 710-721.

Qadir, M.; Ghafoor, A.; Palzkill, D. A.; Younes, M. H. e Hogan, L. (1989). **Murtaza, G.** (2000). Estratégias de melhoramento de solos salinos: uma revisão. Land Degrad. Develop. 11:501-521.

Qureshi, R. H.; Aslam, M. e Rafiq, M. (1991). Expansão do uso de halófitas forrageiras no Paquistão. In: ACIAR Proc. pp. 12-16. A. C. T., Camberra.

Rahnama, H. e Ebrahimzadeh, H. (2005). O efeito do NaCl na enzima antioxidante em mudas de batata. Biol. Plant, 49(1): 93-97.

Rajaravindran, M.; eNatarajan, S. (2012). Efeito do estresse de NaCl nas alterações bioquímicas e enzimáticas do halófito *Suaeda maritima* Dum. Inter J Res Plant Sci., 2(1): 1-7.

Ramoliya, P. J. e Pandey, A. N. (2003). A salinidade do solo e o estado da água afectam o crescimento das plântulas *de Phoenix dactylifera*. New Zealand J. Crop Hort. Sci., 31: 345-353.

Rathert, G. (1984). Teor de sacarose e amido nas partes das plantas como possível indicador da tolerância das culturas ao sal. Aust. J. Plant Physiol, 11: 491-495.

Reddy, Y. N. (2003). Efeito de diferentes concentrações de auxinas no enraizamento e nos caracteres radiculares das camadas de ar e solo da jojoba (*Simmondsia chinensis* (Link) C.K. Schneider). Ethopian J. Sci., 26: 155-159.

Redmann, R. E.; Haraldson, J. e Gusta, L. V. (1986). Fuga de substâncias absorventes de UV como medida de lesão por sal em tecido foliar de espécies lenhosas. Physiologia Plantarum, 67: 87-91.

Richard, L. A. (ed) (1954): Diagnosis and Improvement of Saline and Alkali Soils (Diagnóstico e Melhoramento de Solos Salinos e Alcalinos). U.S. Dep. Agr. Handbook No. 60.

Roohi, A.; Nazish, B.; Nabgha, A.; Maleeha, M. e Waseem, S. (2011). Uma revisão crítica sobre halófitas: Plantas tolerantes ao sal. Journal of Medicinal Plants Research Vol. 5(33): pp. 7108-7118, 31.

Roussos, P. A. e Pontikis, C. A. (2003). Efeitos a longo prazo da salinidade do cloreto de sódio no crescimento *in vitro*, teor de prolina e compostos fenólicos de explantes de jojoba. Europ. J. Hort. Sci., 68: 38-44.

Roussos, P. A.; Vemmos, S. N. e Pontikis, C. A. (2005). The Role of Carbohydrates on the Salt Tolerance of Jojoba [*Simmondsia chinensis* (Link)] explants in vitro. Revista Europeia de Ciências Hortícolas, 70(6): 278.

Roya, A. e Aragues, R. (1999). Funções de resposta à salinidade-rendimento de genótipos de cevada avaliados com um sistema de aspersão de fonte de linha tripla. Plant and Soil, 209: 9-20.

Rozema, J.; e Flowers, T. (2008). Culturas para um mundo salinizado.

Science, 322(5907): 1478-1480.
Sabovljevic, M. e Sabovljevic, A. (2007). Contribuição para os briófitos costeiros do Norte do Mediterrâneo: Existem halófitos entre os briófitos? Phytol. Balcanica, 13: 131-135.
Salama, F. M. e Awadalla, A. A. (1987). O efeito de diferentes métodos de aplicação de cinetina em alguns parâmetros de clorofila de duas plantas cultivadas sob stress de salinidade. Phyton, 27 (2): 181-193.
Salama, F. M.; Kodary, S. E. A. e Heikal, M. M. D. (1981). Efeito da salinidade do solo e IAA no crescimento, pigmentos fotossintéticos e composição mineral de plantas de tomate e rúcula. Phyton, 21 (2): 177-188.
Salama, F. M.; Khodary, S. E. A. e Heikal, M. M. D. (1982). Efeito da irrigação salina e do ácido giberélico na pressão osmótica, pigmentos fotossintéticos e teor de hidratos de carbono de plantas de cenoura e beterraba sacarina. Egito. J. Bot., 23(2): 1131121.
Salama, F. M; Abdel-Rahman, M. e Edam, M. A. (1997). O efeito interativo da salinidade e de algumas hormonas vegetais no teor de clorofila, hidratos de carbono e pressão osmótica das plantas de fava e cevada. Primeira Conferência de Ciências Biológicas. Gar Yonis Univ. Ben-Gazi, Líbia. 6-8.
Salama, S.; Trivedi, Brafa, M.; Garab, A. A. G. e Erdei, L. (1994). Effects of NaCl salinity on growth, cation accumulation, chloroplast structure and function in wheat cultivars differing in salt tolerance. J. Plant Physiol, 144: 241-247.
Sam,O.; Ramirez, C.; Coronado, M. J.; Testillano, P. S. e Risueno, M. C. (2003). Alterações nas folhas de tomateiro induzidas pelo stress de NaCl; organização das folhas e ultra-estrutura celular. Biol. Plant, 47:361-366.
Sasiakala, D. P. P. e Prasad, P. V. D. (1993). Influência da salinidade no botão axilar de seis variedades tropicais de planície de batata (*Solanumtuberusum*). Plant Cell Tissue Organ Cult, 32: 185-191.
Scalet, M.; Federico, R.; Guido, M. C., e Manes, F. (1995). Atividade da peroxidase e alterações das poliaminas em resposta ao ozono e à chuva ácida simulada em agulhas de pinheiro de Aleppo. Botânica Ambiental e Experimental, 35(3): 417-425.
Schlegel, H. G. (1956). Die Verwertung organischer Saurendurch Chlorella im Licht. - Planta, 47: 510-526.
Schubert. S.; Serraj, R.; Plies-Balzer, A. e Mengel, K. (1995). Effect of drought stress on growth, sugar concentration and amino acid accumulation in N2-fixiing alfalfa *Medicago sativa.* J. Plant Physiol, 146: 541-546.
Seeman, J. R. e Critchley, C. (1985). Effects of salt stress on the growth, ion content,stomatal behavior and photosynthetic capacity of saltsensitive species Phaseolus vulgaris (L). Planta, 164: 152-162.
Sestak, Z. J.; Catsky e Jarvis, P. G. (1971). Plant Photosynthesis Production, Mannual of Methods, Junk Publishers, The Hague, The Netherlands.

Shabala, S.; Babourina, O. e Newman, I. (2000). Mecanismos de osmorregulação específicos dos iões nas células do mesófilo do feijão. J. of Exp. Botany, 51: 1243-1253.

Sharkey, T. D. Seeman, J. R. e Berry, J. A. (1989). Fotossíntese em folhas intactas de plantas C3: Física, fisiologia e limitações de taxa. Bot. Rev., 51: 53-105.

Sherbrooke, W. C. (1976). Aceitação diferencial de sementes tóxicas de jojoba (*Simmondsia chinensis*) por quatro heteromidróides do deserto de Sonora. Ecology, 57: 596-602.

Shereen, A.; Ansari, R. U.; Yamin, S.; Raza, S.; Mumtaz, S.; Khan, M. A. e Mujtaba, S. M. (2007). Respostas fisiológicas do arroz (*Oryza sativa* L.) ao stress salino. Pak. J. Bot., 39: 2527-2534.

Shim, I. S.; Y. Momose, A.; Yamamoto, D.W.; Kim e Usui. K. (2003). Inibição da atividade da catalase por stress oxidativo e sua relação com a acumulação de ácido salicílico nas plantas. Regulação do Crescimento das Plantas, 8: 285-292.

Shukry, W. M.; Al-Hawas, G. H. S.; Al-Moaikal, R. M. S. e El-Bendary, M. A. (2013). Efeito do petróleo bruto nos elementos de nutrientes minerais, propriedades do solo e biomassa bacteriana da rizosfera da jojoba. British Journal of Environment and Climate Change, 3(1): 103-118.

Silveira, J. A. G.; Viegas, R. D. A.; Rocha, I. M. A.; Moreira, A. C. O. M.; Moreira, R. A. e Oliveira J. T. A. (2003). A acumulação de prolina e a atividade da glutamina sintetase são aumentadas pela proteólise induzida pelo sal em folhas de cajueiro. Journal of Plant Physiology, 160(2): 115-123.

Singh, N. K. ; Handa, A. K. Hasegawa, P. M. e Bressen, R. (1985). Proteínas associadas à adaptação de células de tabaco cultivadas ao NaCl. Plant Physio, 179: 126-37.

Singh, K. J. H.; Nayyar, A.; Dutta e Dhir, K. K. (2003). Rhizogenetic studies of jojoba: Hormone effect, rooting medium and seasonal variation (Estudos rizogenéticos da jojoba: efeito hormonal, meio de enraizamento e variação sazonal). Indian Forester, 129: 1405-1411.

Singh, S. K.; Sharma, H. C.; Goswami, A. M.; Datta, S. P. e Singh, S. P. (2000). Crescimento in vitro e composição foliar de cultivares de videira afectados pelo cloreto de sódio. Biol. Plant, 43: 283-286.

Sivakumar, R.; Pathmanaban, J.; Kalarani, M. K.; Mallika-Vananjamudi; Srinivasan, P. S. e Vananjamudi, M. (2002). Effect of foliar application of growth regulators on biochemical attributes and grain yield I pearl millet. Indian J. of Plant Physiol, 7(1): 79-82.

Soares, A. C. D.; Costa, J. T. A.; Crisóstomo, L. A. e Melo, F. I. O. (2001). Germinacao de sementes e desenvolvimento de plantulas de cajueiro anao precoce submetidas a estresse salino. Rev. Bras. Fruticultura, 22: 458-462 .

Song, J. Q. e Fujiyama, H. (1996). Efeito de potássio no arroz e no tomate

submetidos à salinização com sódio. Soil Sci. Plant Nutri, 42: 493-501.
Steiner, M. (1934). Para a ecologia da marcha salgada dos países unidos Nordostlichen da Nordamerika. Jahrb. Know. Oferecido 81: 94.
Sundaresan, S. e Sundhakaran, P. R. (1995). Alterações induzidas pelo stress hídrico no metabolismo da prolina em *cultivares* de mandioca *Mamihot esculenta* tolerantes e susceptíveis à seca. Physiol. Plant, 94: 45-51.
Tanaka, K.; Nakamura, Y.; Asami, T.; Yoshida, S.; Matsuo, T. e Okamoto, S. (2004). Physiological roles of brassinosteroids in early growth of *Arabidopsis* : brassinosteroids have a synergistic relationship with gibberellin as well as auxin in light-grown hypocotyls elongation. J. Plant Growth Regul, 22: 259-271.
Tatiana, Z.; Yamashita, K. e Matsumoto, H. (1999). Alterações induzidas pela deficiência de ferro no conteúdo de ascorbato e nas actividades enzimáticas relacionadas com o metabolismo do ascorbato em raízes de pepino. Plant Cell Physiol; 40: 273-280.
Teixeira, J. e Pereira, S. (2007). A alta salinidade e a seca actuam de forma orgânico-dependente na expressão e acumulação da glutamina sintetase da batata. Environ. Exp. Bot., 60:121-126.
Telesinski, A. ; Nowak, J. ; Smolik, B. ; Dubowska, A. e Skrzypiec, N. (2008). Efeito da salinidade do solo na atividade das enzimas antioxidantes e no conteúdo de ácido ascórbico e fenóis em plantas de feijão [Phaseolus vulgaris L.]. Journal of Elementology,13(3): 401 - 409.
Tripler, E.; Ben-Gal, A. e Shani, U. (2007). Consequência da salinidade e do excesso de boro no crescimento, evapotranspiração e absorção de iões na tamareira (*Phoenix dactylifera* L. cv. Medjool). Plant Soil, 297: 147-155.
Turner, N. C.; Begg, J. E. e Tonnet, M. L. (1978). Osmotic adjustment of sorghum and sunflower crops in response to water deficit and its influence on the water potential at which stomata close. J. Plant Physiol, 5: 597-608.
Tyagi, R. K. e Prakash, S. (2004). Genótipos e protocolos específicos do sexo para micropropagação *in vitro* e conservação a médio prazo de jojoba. Biol. Plant, 48: 19-23.
Ungar, I. (1991). Ecophysiology of vascular halophytes. CRC Press, Boca Raton.
Ungar, I. A.(1978). Germinação de sementes de halófitas. Bot. Rev., 44: 233-364.
Van Rensburg, L. e Kru ger, G. H. J. (1994) Evaluation of components of oxidative stress metabolism for use in selection of drought tolerant cultivars of *Nicotiana tabacum* L. J. Plant Physiol, 143: 730-737.
Verbanic, C. J. (1986). Jojoba: Resposta ao cachalote. Chemical Business agosto. P: 30 - 32.
Vieira dos Santos, C. L. e Caleira, G. (1999). Respostas comparativas de plantas e calos de *Helianthus annus* expostos ao NaCl: I. Taxa de crescimento e regulação osmótica em plantas intactas e calos. J. Plant

Physiol., 155: 769-777.
Vitória, A. P.; Rodrijuaz, A. P. M.; Cunha, M.; Lea, P. J. e Azevedo, R. A. (2003). Alterações estruturais em plântulas de rabanete expostas ao cádmio. Biol. Planta, 47: 561568.
Waisel, Y. (1972). Biology of halophytes. Imprensa académica, Nova Iorque e Londres.
Ward, J. M.; Maser, P. e Schroeder, J. I. (2009). Canais iónicos de plantas: famílias de genes, fisiologia e análises genómicas funcionais. Annu Review Physiol, 71: 59-82.
Washington, D. C. (1948). Woody-Plant Seed Manual, The Forest Service U.S., Department of Agriculture, Miscellaneous Publications, United States Government Printing Office, p 339.
Weber, D. J. (2008). Mecanismos de adaptação das halófitas em regiões desérticas. Em Salinity and water stress. P 44: 179-185.
Weimberg, R.; Lerner, H. R. e Poljakoff, M. A. (1982). A relationship between potassium and proline accumulation in salt stressed *Sorghum bicolor*. Physiol. Plant, 55: 5-10.
Willekens, H., S.; Chamnongpol, M.; Davey, M.; Schraudner, C.; Langebartels, M. V.; Montagu, D.; Inze e Camp. W. V. (1997). A catalase é um sumidouro de H2O2 e é indispensável para a defesa contra o stress em plantas C3. EMBO J.,16 (16): 4806-4816.
Williams, V. e Twine, S. (1960). Método fotométrico de chama para sódio, potássio e cálcio. Inmodern methods of plant analysis. Eds. Peach K. e Tracey MV. Springer-Verlag Berlin, 56: 6-1 2.
Wisniak, J. (1987). The Chemistry and Technology of Jojoba Oil. Sociedade Americana de Químicos de Óleo. Champaign, IL, 272 p: 62.
Xu, G.; Magen, H.; Tarchitzky, J. e Kafkafi, U. (2000). Avanços na nutrição de plantas com cloreto. Avanços em Agronomia. 68: 97-150.
Yakubu, H.; Ngala, A. e Dugie, I. (2010). Seleção de variedades de painço (*Pennisetum glaucum L.*) para tolerância ao sal em solos semi-áridos do norte da Nigéria. World J. of Agricultural Sciences, 6 (4): 374-380.
Yang, T. e Poovaiah. B. W. (2002). Homeostase do peróxido de hidrogénio: Ativação da catalase vegetal por cálcio/calmodulina. Actas da Academia Nacional de Ciências dos EUA (PNAS), 99: 4097-4102.
Yen, H. E.; Wu, S.; Hung, Y. e Yen, S. (2000). Isolamento de três cDNAs de baixa abundância induzidos por sal a partir de calos de Mesembryanthemum crystallinum cultivados com luz, hibridização subtractiva por supressão. Physiologia Plantarum, 110: 402-409.
Yeo, A. R. e Flowers, T. J. (1986). The physiology of salinity resistance in rice (Oryza sativa L.) and a pyramiding approach to breeding varieties for saline soils. Aust J Plant Physiol 13:75-91.
Yeo, A. R.; Yeo, M. E. e Flowers, T. J. (1987).A contribuição da via apoplástica para a absorção de sódio pela raiz do arroz em condições salinas. J. Exp. Bot, 38: 1141-1163.

Yermanos, D. M. (1974). Estudo agronómico da jojoba na Califórnia. Botânica Económica 28: 161-174.

Yermanos, D. M.(1979). Jojoba: uma cultura cujo tempo chegou. California Agriculture 33: 4-11.

Yermanos, D. M., e Duncan, C. C. (1976). Caraterísticas quantitativas e qualitativas da semente de jojoba. Journal of the American Oil Chemists Society, 53(2): 80-82.

Yossif, A. F. (1999). Métodos e instrumentos para a análise do solo e da água. Al-Riyadh. Rei Saud. Unvi. Centro de Publicações Científicas e Imprensa.

Youssef, A. M. (2009). Mecanismos de tolerância ao sal em algumas halófitas da Arábia Saudita e do Egito. Res. J. Agric. Biol. Sci., 5: 191-206.

Youssef, T. e Awad, M. A. (2008). Mecanismos de melhoria das trocas gasosas da fotossíntese em plântulas de tamareira (*Phoenix dactylifera* L.) sob stress de salinidade por um fertilizante à base de ácido 5-aminoevulínico. J. Plant Growth Regul., 27: 1-9.

Yu, Q. e Rengel, Z. (1999). A seca e a salinidade influenciaram diferencialmente as actividades da superóxido dismutase no tremoço de folha estreita. Plant Sci., 142: 1-11.

Zhong, Q. P. e Xia, W. S. (2007). Efeito dos tratamentos de revestimento com 1-metilciclopropeno e/ou quitosano no tempo de armazenamento e na manutenção da qualidade da jujuba indiana. LWT-Food Science and Technology, 40(3): 404-411.

Zhu, J. K. (2001). Plant salt tolerance. Trends Plant Sci., 6: 6671.

Zhu, J. K. (2002). Salt and drought stress signal transduction in plants. Revisão anual da biologia vegetal, 53: 273 - 247.

MIX
Papier aus verantwortungsvollen Quellen
Paper from responsible sources
FSC® C105338

Printed by Books on Demand GmbH, Norderstedt / Germany